U0078094

Java 9 Modularity
可維護應用程式的開發模式與實務

Java 9 Modularity
Patterns and Practices for Developing
Maintainable Applications

Sander Mak & Paul Bakker 著

賴屹民 譯

© 2018 GOTOP Information, Inc. Authorized Chinese Complex translation of the English edition of Java 9 Modularity ISBN 9781491954164 © 2017 Sander Mak and Paul Bakker. This translation is published and sold by permission of O'Reilly Media, Inc., which owns or controls all rights to publish and sell the same.

目錄

第一部分　Java 模組系統簡介

第二部分　遷移

序

Java 的模組化是什麼？對有些人而言，它是開發的原則：編寫介面，並隱藏實作的細節。這是**封裝派**的說法。對一些其他人來說，它代表重度依賴類別載入器來提供動態執行環境，這是**隔離派**的說法。對其他人來說，它是關於成品、存放區與工具的使用，這是**配置派**的說法。對我來說，這些觀點都是對的，但它們就像管中窺天，談的都是模糊片段的概念。如果開發者知道某些程式碼只供內部使用，何不像隱藏類別或欄位那樣輕鬆地隱藏套件？如果程式碼只能在它的依賴項目存在的情況下被編譯以及執行，何不讓這些依賴項目流暢地通過編譯、包裝、安裝與執行等過程？如果工具只能在具備原始的自我描述成品（pristine self-describing artifacts）的情況下運作，該如何讓每一個人都可以重複使用只是一般的 JAR 檔案的舊程式庫？

Java 9 藉由加入模組，並將模組當成 Java 平台的一級特徵，來提供一個連貫的模組化方案。模組是一組為了重複使用而設計的套件。這個簡單的概念，對程式碼的開發、部署與執行方式產生驚人且重大的影響。為了促進與控制程式的重複使用，Java 有許多存在已久的機制，包括介面、操作控制、JAR 檔案、類別載入器、動態連結等等，它們都可在套件被放入模組之後更良好地運作。

首先，模組採取與其他機制不同的方式來闡明程式的架構。許多開發者都很驚訝他們的程式架構不如原本想像的良好。例如，涵蓋多個 JAR 檔案的基礎程式，可能在多個 JAR 檔案之間，存在類別的循環結構，但是不同模組的類別是不能有循環結構的。人們投入程式碼庫模組化的其中一個動機，就是他們認識到，完成模組化之後，就不會有以前的循環依賴關係造成的泥漿球（ball of mud，指沒有清晰結構的系統）。使用模組來開發，也可產生服務導向程式設計，進一步減少耦合，並增加抽象。

其次，模組可讓你產生對程式碼的責任感，這是其他的機制無法提供的。當開發者匯出模組內的套件時，相當於承諾提供一個穩定的 API，甚至模組的名稱也是 API 的一部分。當開發者將太多功能綁成單一模組時，那個模組會拉入許多與任何單一工作無關的依賴關係；雖然模組的內部已被隱藏起來，但任何重複使用它的人都會發現它的蔓延性質。使用模組來開發，可以鼓勵所有的開發者考慮程式的穩定性與內聚性。

多數人都知道拉桌布戲法，也就是快速拉開桌布，讓盤子與杯子停在原處。對已經用過 Java 9 的人而言，設計一個模組系統，並將它插入從 1990 年以來被開發的上百萬個類別底下的 Java Virtual Machine 之中，就像是反向執行那個戲法。將 JDK 模組化會讓這個戲法失敗，因為有一些著名的程式庫之所以能夠施展它的魔法，就是因為它們忽略模組系統施加在 JDK 模組的封裝。這種 Java 9 的設計造成的張力沒有簡單的學術解答。最後，社群的回饋終於讓模組系統提供各種工具給開發者，如此一來，被模組化的平台程式碼就可得到強力的封裝，被模組化的應用程式碼也可以得到 "足夠強力" 的封裝。隨著時間的推移，我們認為模組化 JDK 這個大膽的選擇，可讓所有的程式碼更加可靠。

當所有人都使用模組系統時，它的效果最好。今天有愈多開發者創造模組，明天就有愈多開發者創造模組。但是，**尚未創造模組**的開發者該怎麼辦？我們毫不誇張地說，Java 9 是平等看待非模組程式與模組化程式的。唯有基礎程式的作者應該將它模組化，但是在這件事發生之前，模組系統必須設法讓模組內的程式碼與模組外的程式碼接觸。所以本書會詳加說明自動模組的設計。

Sander 與 Paul 是 Java 業界專家，也是值得信賴的 Java 9 生態系統導遊。他們身處 Java 9 開發前線，也是遷移熱門的開放原始碼程式庫的先鋒。對想知道 Java 模組化的核心原則與最佳做法的人而言，包括：想要建立可維護組件的應用程式開發者、尋求遷移與反射的建議的程式庫開發者，與想要探索模組系統進階功能的框架開發者，*Java 9 Modularity* 是獻給他們的手冊。我希望這本書可協助你建立一個經得起時間考驗的 Java 程式架構。

— *Alex Buckley*
Java Platform Group，Oracle
Santa Clara，2017 年 7 月

前言

Java 9 在這個平台中加入模組系統。這是很重大的一步,開啟了 Java 平台模組化軟體開發的新時代。我們為這種改變感到開心,希望你在閱讀這本書之後,也有相同的感受。你將會充分利用模組系統,甚至在你意識到這件事之前。

誰應閱讀本書?

本書的對象是想要改善應用程式的設計與架構的 Java 開發者。Java 模組系統可改善我們設計與組建 Java 應用程式的方式。就算你未以正確的方式來使用模組,瞭解 JDK 本身的模組化也是很重要的開始。我們希望你在本書的第一部分瞭解模組之後,也能夠欣賞隨後的遷移章節。將既有的程式碼遷移到 Java 9 與模組系統會逐漸變成常見的工作。

本書的目的不是做一般性的 Java 介紹。我們假設你已經在團隊中寫過比較大型的 Java 應用程式了,這正是愈來愈需要模組化的領域。身為一位資深的 Java 開發者,你已經知道類別路徑造成的問題,這一點可以協助你欣賞模組系統與它的功能。

Java 9 除了加入模組系統之外也有其他的改變。但是,本書把焦點放在模組系統及相關的功能上。在適當的情況下,我們會在討論模組系統時,說明其他的 Java 9 功能。

為什麼要寫這本書

我們從 Java 早期就開始使用 Java 了,當時 applet 仍然是很熱門的技術。在那幾年,我們也用了許多其他的平台與語言,但 Java 仍然是我們的主要工具。若要建立可維護的軟體,模組化是很重要的原則。多年來花費許多精力建立模組化軟體之後,開發模組化應用程式已經成為我們的熱情所在。在 Java 平台本身不支援的情況下,我們大量地採用 OSGi 之類的技術來進行模組化。我們也研究過不屬於 Java 世界的工具,例如 JavaScript 的模組系統。當我們確定 Java 9 即將具備期待已久的模組系統之後,我們就決定不但要自行採用這項功能,也要協助業界的其他開發者。

或許你在過去十年間曾經聽過 Project Jigsaw。多年來,Project Jigsaw 已經建立許多可行的 Java 模組系統的實作原型。在這幾年,Java 不斷地準備納入模組系統又排除這項計畫,原本 Java 7 與 8 都準備納入 Project Jigsaw 的成果。

Java 9 終於將這項長時間的實驗納入官方模組系統的實作了。多年來,各種模組系統原型的範圍與功能已經發生許多改變。就算你曾經密切地關注這個過程,也很難發現 Java 9 的模組系統最終繼承了什麼東西。我們希望透過這本書來詳盡說明模組系統,更重要的是,讓你瞭解它可以為你的應用程式的設計與架構帶來什麼幫助。

導覽本書

這本書有三個部分:

1. 介紹 Java 模組系統

2. 遷移

3. 模組化開發工具

第一個部分會教你如何使用模組系統。我們從 JDK 本身的模組化談起,接著說明如何建立你自己的模組。接下來會討論服務,它可實現模組的解耦。第一個部分的結尾會討論模組化模式,以及如何使用模組來將可維護性與擴展性最大化。

本書的第二部分會討論遷移。你應該已經有一些 Java 程式碼了,或許也會使用不是為模組系統設計的 Java 程式庫。在本書的這個部分,你將會學習如何將既有的程式遷移到模組,以及使用還不是模組的既有程式庫。如果你是程式庫的作者或維護者,這個部分會用一章特別講解在程式庫中支援模組。

本書的第三部分,也是最後一個部分,將會討論工具。在這個部分,你會學到目前 IDE 與組建工具的狀態。你也會學習如何測試模組,因為就(單位)測試而言,模組帶來一些新的挑戰與機會。最後,你也會學到**連結**,這是模組系統另一個令人興奮的功能。它可讓你建立高度最佳化的自訂執行期映像,藉由模組來改變發表 Java 應用程式的方式。

本書的設計,是讓讀者從頭開始讀起,直到結束的,但我們也理解,並非每位讀者都會採取這種方式。我們建議你至少詳細閱讀前四章,如此一來,你將會具備基本知識,可善用本書其他的部分。如果你真的沒有時間，而且有程式碼需要遷移，可以在那之後跳到第二部分，當你完成工作之後，再回到較進階的章節。

使用範例程式

這本書有許多範例程式。你可以在 GitHub 的 *https://github.com/java9-modularity/examples* 取得所有範例程式。這個存放區是以章節來安排範例程式的。在這本書中，我們用以下的方式來指明特定的範例程式：➥ *chapter3/helloworld*，這代表你可以在 *https://github.com/java9-modularity/examples/chapter3/helloworld* 找到這個範例。

我們建議你在閱讀這本書時下載程式碼，因為使用程式編輯器比較容易閱讀較長的程式片段。我們也建議你試著執行一下程式，例如，重現書中談到的錯誤。在實作中學習比只是閱讀文字有效。

本書編排方式

本書使用下列的編排規則：

斜體字（*Italic*）

　　代表新的術語、URL、電子郵件地址、檔案名稱及副檔名。中文以楷體表示。

定寬字（`Constant width`）

　　代表程式，也在文章中代表程式元素，例如變數或函式名稱、資料庫、資料類型、環境變數、陳述式，與關鍵字。

定寬粗體字（**`Constant width bold`**）

　　代表指令，或其他應由使用者逐字輸入的文字。

定寬斜體字（*`Constant width italic`*）

代表應換成使用者提供的值，或依上下文而決定的值。

　這個圖示代表一般注意事項。

這個圖示代表提示或建議。

　這個圖示代表警告或小心。

致謝

本書的靈感來自我在 2015 年的 JavaOne 與 O'Reilly 的 Brian Foster 的一場對談。感謝你委託我們執行這項專案。從那時候開始，我們在著作 *Java 9 Modularity* 時，獲得許多人的協助。

如果沒有 Alex Buckley、Alan Bateman 與 Simon Maple 提供很棒的技術校閱，這本書就不是現在的樣子，他們協助改善這本書的許多地方，非常感謝他們。我們也感謝 O'Reilly 編輯團隊的支援，Nan Barber 與 Heather Scherer 確保所有組織細節都受到照顧。

> 如果沒有太太 Suzanne 堅定地支持，我不可能完成這本書。她與我們的三位兒子不得不在許多夜晚與週末想念我。謝謝你們與我一起堅持到底！我也想要感謝 Luminis（*http://luminis.eu/*）慷慨地支援本書的寫作。"只有知識，是愈分享愈豐富的寶藏"，很開心能為體現這句名言的公司工作。
>
> *Sander Mak*

> 我也想要感謝我的太太 Qiushi 在我著作第二本書時的支持，即使當時我們正搬到世界的另一端。也感謝 Netflix（*http://netflix.com/*）與 Luminis（*http://luminis.eu/*）讓我有時間與機會完成這本書。
>
> *Paul Bakker*

第 1、7、13 與 14 章的漫畫是 Oliver Widder 畫的（*http://geek-and-poke.com/*），在 Creative Commons Attribution 3.0 Unported（CC BY 3.0）（*https://creativecommons.org/licenses/by/3.0/deed.en_US*）的許可之下使用。本書的兩位作者將漫畫改為橫向與灰階。

第一部分

Java 模組系統簡介

第一章

模組化很重要

你是不是曾經困惑地搔著頭,自問 "為什麼有這段程式?它與這個巨大的基礎程式的別處有什麼關係?我該從哪裡開始看起?" 或者,你是否在看了許多與應用程式碼綁在一起的 Java Archives(JARs)之後眼神呆滯?我們當然有這些經驗。

建構大型程式碼的藝術是被低估的一種。這既不是新的問題,也不是 Java 專屬的問題。但是,Java 是主流語言之一,許多大型的應用程式都是用它來建構的,而且通常會使用 Java 生態系統的許多程式庫。在這種情況下,系統的成長幅度,可能會超越我們能夠理解和有效開發的範圍。根據經驗,長期而言,缺乏健全的結構會讓你付出昂貴的代價。

模組化是用來管理與降低這種複雜性的技術之一。Java 9 加入新的模組系統,可讓我們更輕鬆地進行模組化。模組化的開發,是建構在 Java 本來就具備的抽象之上。就某種意義而言,它是將既有的大型 Java 程式最佳開發方法提升為 Java 語言的一部分。

Java 模組系統會對 Java 的開發造成深遠的影響。它代表將模組化變成整個 Java 平台的一級公民,這是一種根本的轉變。模組化是從底層開始進行的,包括改變語言、Java Virtual Machine(JVM)與標準程式庫。雖然這代表一個巨大的工程,但它不像(舉例)在 Java 8 中加入串流與 lambda 那麼華麗。lambda 這類的功能與 Java 模組系統之間還有其他基本的區別。模組系統與整個應用程式的大型結構有關。將內部類別轉換成 lambda 只是在一個類別的範圍內,相當小型且區域性的改變。將一個應用程式模組化,會影響設計、編譯、封裝、部署,等等。顯然,它並非只是另一個語言功能。

在每個 Java 新版本問世時,我們通常會立刻一頭栽入使用新功能。為了充分利用模組系統,我們應該先後退一步,把焦點放在瞭解模組是什麼。更重要的是,為何我們應該關心它。

什麼是模組化？

到目前為止，我們已經知道模組化的目標了（管理與減少複雜度），但還不知道模組化需要什麼因素。在核心，**模組化**是將一個系統分解成獨立但互相連結的模組。**模組**是可識別的成品（artifacts），裡面有程式碼，以及描述模組以及它與其他模組之間的關係的詮釋資料（metadata）。理想情況下，這些成品從編譯期一路到執行期都是可識別的。所以，應用程式是由許多一起工作的模組組成的。

因此，模組會聚集彼此相關的程式碼，但它做的事情不止於此。模組必須遵守三個核心原則：

強力的封裝

模組必須能夠隱藏部分的程式碼，不讓其他模組看到。如此一來，我們就可以明確地區分 "可公開使用" 與 "應視為內部實作細節" 的程式。這可防止模組之間意外或沒必要的耦合：你根本無法使用被封裝的東西。因此，你可以自由地更改被封裝的程式，不至於影響模組的使用者。

具有良好的定義的介面

封裝很好，但如果模組是要一起工作的，就不是所有東西都可以封裝。根據定義，未封裝的程式是模組的公開 API 的一部分。因為其他的模組可以使用公開的程式碼，所以你必須非常謹慎地管理它。當你對未封裝的程式做破壞性的改變時，也會損壞依賴它的其他模組。因此，模組應該公開定義良好且穩定的介面給其他模組使用。

明確的依賴關係

模組通常需要其他的模組來履行它們的義務。模組的定義必須納入這種依賴關係，來讓模組可以自給自足。明確的依賴關係會產生**模組圖**（*module graph*）：裡面的節點代表模組，直線代表模組之間的依賴關係。要瞭解應用程式，以及使用所有必要的模組來執行它，取得模組圖非常重要，它提供可靠的基礎，來讓我們配置模組。

靈活性、易懂性，與重複使用性都與模組有關。模組可以靈活地組合成不同的配置，利用明確的依賴關係來確保每件事都可以一起合作。封裝可確保你永遠不需要瞭解實作的細節，而且永遠都不會無意間依賴它們。要使用模組，瞭解它的公開 API 就夠了。此外，如果你的模組公開定義良好的介面，並封裝實作細節，你就可以輕鬆地將它換成具有相同 API 的替代品。

模組化的應用程式有許多優點。有經驗的開發者都知道當基礎程式沒有被模組化時會產生什麼情況。諸如**義大利麵式結構、混亂的龐然大物、大泥球**等可愛的術語甚至還不足以形容它帶來的痛苦。不過,模組化不是萬靈丹,它是一種架構原則,當你正確地採納它們時,可相當程度地**預防**這些問題。

雖然如此,這一節的**模組化**定義是蓄意抽象化的。它可能會讓你想到元件開發(在上世紀風靡一時)、服務導向架構,或目前被大肆炒作的微服務。事實上,這些案例都是在各種抽象層面上試著處理類似的問題。

怎樣才能瞭解 Java 的模組?花一點時間來思考一下 Java 已經具備的模組核心原則(以及它缺乏的)是具啟發性的。

準備好了嗎?接下來,你可以進入下一節了。

在 Java 9 之前

Java 已被用來開發各式各樣與各種大小的軟體。有上百萬行程式的應用程式並不罕見。顯然,談到建立大型的系統,Java 已經做了一些正確的事情,甚至在 Java 9 問世之前。我們來針對 Java 9 模組系統出現之前的 Java 一一檢視模組化的三條核心原則。

我們可以使用**套件**與操作修飾詞的組合(例如 private、protected 或 public)來完成型態的封裝。例如,藉由讓一個類別成為 protected,你可以防止其他的類別操作它,除非它們屬於同一個套件。這會產生一個有趣的問題:如果你要從另一個套件使用那個類別,但仍然希望其他的套件不可使用它時,該怎麼辦?你會束手無策。當然,你可以讓類別成為 public。但是,public 代表向系統的所有其他的型態公開,也就是沒有封裝。你可以將這個類別放入 .impl 或 .internal 套件,來提醒使用者,使用這種類別是不明智的。但是,坦白說,誰會看那種東西?大家還是會任意使用它,只因為他們可以這樣做。我們無法隱藏這種實作套件。

就良好定義的介面而言,Java 從它問世以來一直都做得很好。你猜對了,我們要來討論 Java 自己的 **interface** 關鍵字。公開一個公用介面並且將實作類別隱藏在工廠後面,或使用依賴注入,是一種已被證實良好的做法。正如你將在這本書中看到的,介面在模組化系統中扮演核心的角色。

明確的依賴關係是事情開始瓦解的地方。是的，Java 確實有明確的 import 陳述式，不幸的是，這些 imports 是嚴格的編譯期結構。當你將程式碼包裝成 JAR 時，並無法知道有哪些其他的 JAR 具備你的 JAR 需要的型態。事實上，這個問題嚴重的程度，讓許多隨著 Java 語言一起演化的外部工具也試著解決這個問題。詳見以下的專欄。

用來管理依賴關係的外部工具：Maven 與 OSGi

Maven

> Maven 組建工具解決的其中一個問題是編譯期依賴關係的管理。它將 JAR 之間的依賴關係定義在外部的 Project Object Model（POM）檔案裡面。Maven 的成功因素不是組建工具本身，而是它催生了一種稱為 Maven Central 的規範庫（canonical repository）。幾乎所有的 Java 程式庫在發表時，都會提供它們的 POM 給 Maven Central。各種其他的組建工具，例如 Gradle 或 Ant（連同 Ivy）都會使用同樣的規範庫與詮釋資料。它們都可在編譯期為你自動解析（傳遞性）依賴關係。

OSGi

> OSGi 會在執行期做 Maven 在編譯期做的事情。OSGi 要求你在 JAR 中，用詮釋資料來列出被匯入的套件，這些套件稱為包裹（*bundles*）。你也必須明確地定義哪些套件是被匯出的，也就是說，可被其他的包裹看到。在應用程式開始執行時，所有的包裹都會被檢查：看看是不是每一個匯入的包裹都可以連接到一個匯出包裹。藉由自訂類別載入器這種巧妙的做法，我們可以確保執行期不會載入未被詮釋資料允許的包裹。如同 Maven，這需要全世界的人在他們的 JAR 內提供正確的 OSGi 詮釋資料。但是，雖然 Maven 因為 Maven Central 與 POMs 而獲得很大的成功，但可在 OSGi 使用的 JAR 沒有那麼普及。

Maven 與 OSGi 都建構在 JVM 與 Java 語言之上，是 JVM 與 Java 無法控制的。Java 9 在 JVM 核心與語言中解決了一些相同的問題。模組系統的目的，不是為了完全取代這些工具。Maven 與 OSGi（以及較小型的工具）仍然有它們的地位，差別只在於現在它們可以建構在一個完全模組化的 Java 平台之上。

目前 Java 提供一些堅實的結構來建立大型的模組化應用程式。不過，顯然，它絕對有改善的空間。

將 JAR 當成模組？

在 Java 9 之前，JAR 檔案應該是最接近模組的東西。它們有名稱、與群組有關的程式碼，也可以提供良好定義的公用介面。我們來看一個典型的，在 JVM 上執行的 Java 應用程式範例，來探討 "將 JAR 當成模組" 這種想法，見圖 1-1。

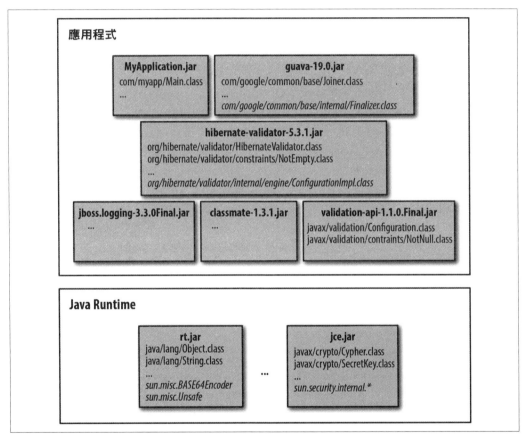

圖 1-1　MyApplication 是個典型的 Java 應用程式，它被包成 JAR，並使用其他的程式庫

這張圖有個稱為 *MyApplication.jar* 的應用程式 JAR，裡面有自訂的應用程式碼。這個應用程式使用兩個程式庫：Google Guava 與 Hibernate Validator。除此之外還有三個 JAR。它們是 Hibernate Validator 的傳遞性依賴項目，Maven 之類的組建工具或許會幫我們解析。MyApplication 是在 Java 9 之前的 runtime 上執行的，它本身會透過一些被包裹的 JAR 來公開 Java 平台類別。這個 Java 9 之前的 runtime 可能是 Java Runtime

Environment（JRE）或 Java Development Kit（JDK），無論哪一種，都會 include *rt.jar*
（*runtime* 程式庫），它裡面含有 Java 標準程式庫的類別。

仔細看一下圖 1-1，你可以看到有些 JAR 用*斜體字*來列出類別。這些類別是預設的程
式庫內部類別。例如，`com.google.common.base.internal.Finalizer` 是 Guava 本身使用
的，但它不是官方 API 的一部分。它是個公用類別，因為有其他的 Guava 套件使用
`Finalizer`。不幸的是，這也代表 `com.myapp.Main` 在使用 `Finalizer` 這類的類別時不會有
任何阻礙。換句話說，這裡沒有強力封裝。

Java 平台本身的內部類別也一樣。`sun.misc` 這類的套件一定可被應用程式碼使用，雖然
技術文件嚴厲地警告它們不支援的 API，你不應該使用它們。儘管有這種警告，但是有
許多應用程式碼一直都在使用 `sun.misc.BASE64Encoder` 這些工具類別。技術上來說，那
些程式可能會因為 Java runtime 的任何更新而損壞，因為它們是內部實作類別。缺乏封
裝，實際上會強迫 Java 將這些類別視為半公用 API，因為 Java 非常重視回溯相容性。
這是一種不幸的情況，起因是缺乏真正的封裝。

明確的依賴關係呢？你已經知道，如果你嚴謹地看待 JAR，它沒有任何依賴關係資訊。
你會這樣執行 MyApplication：

```
java -classpath lib/guava-19.0.jar:\
                lib/hibernate-validator-5.3.1.jar:\
                lib/jboss-logging-3.3.0Final.jar:\
                lib/classmate-1.3.1.jar:\
                lib/validation-api-1.1.0.Final.jar \
     -jar MyApplication.jar
```

設定正確的類別路徑是使用者的工作。而且，因為沒有明確的依賴資訊，這項工作不適
合讓膽小的人執行。

類別路徑地獄

類別路徑是 Java runtime 用來找到類別的機制。在範例中，當我們執行 `Main` 之後，這個
類別直接或間接參考的所有類別都會在某個時刻載入。你可以將類別路徑視為一個包含
可能會在執行階段載入的所有類別的清單。雖然還有很多細節，但這種說法已經足以讓
你瞭解類別路徑的問題了。

以下是 MyApplication 的類別路徑的概略內容：

```
java.lang.Object
java.lang.String
...
sun.misc.BASE64Encoder
sun.misc.Unsafe
...
javax.crypto.Cypher
javax.crypto.SecretKey
...
com.myapp.Main
...
com.google.common.base.Joiner
...
com.google.common.base.internal.Joiner
org.hibernate.validator.HibernateValidator
org.hibernate.validator.constraints.NotEmpty
...
org.hibernate.validator.internal.engine.ConfigurationImpl
...
javax.validation.Configuration
javax.validation.constraints.NotNull
```

這裡已經沒有 JAR 或邏輯群組的概念了。所有的類別都被列成一個平面（flat）清單，按照 -classpath 引數定義的順序。當 JVM 載入一個類別時，它會依序讀取類別路徑，來找出正確的那一個。當它找到類別之後，就會停止搜尋，將該類別載入。

如果它無法在類別路徑中找到類別時會發生什麼事情？你會得到一個執行期例外。因為類別是惰性（lazily）載入的，當某位倒楣的使用者第一次在你的應用程式按下按鈕時，可能會觸發這個例外。JVM 無法在啟動時有效地確認類別路徑的完整性。我們無法事先知道類別路徑是否完全，或者你是否應該加入另一個 JAR。顯然，這不太妙。

如果類別路徑有重複的類別，就會有更多隱患。假設你想要避免手動設定路徑，所以讓 Maven 用 POMs 的明確依賴資訊來建構正確的 JAR 集合來放入類別路徑。因為 Maven 會解析依賴關係的傳遞性，所以在這個集合中，經常會有某個程式庫的兩個版本（例如，Guava 19 與 Guava 18），雖然這不是你的錯。現在兩個程式庫 JAR 都被壓平到類別路徑內，按照不確定的順序。先出現的程式庫類別的版本會先被載入。但是，其他的類別可能希望與（可能不相容的）其他版本的類別合作，這也會導致執行期例外。一般來說，當類別路徑有兩個名稱（完全）相同的類別時，就算它們是完全無關的，也只有一個類別會 "勝出"。

你就可以知道為何*類別路徑地獄*（也稱為 *JAR 地獄*）在 Java 世界中會如此惡名昭彰了。有些人會用試誤法來調整路徑，但仔細想想，需要做這種事這相當可悲。脆弱的類別路徑仍然是造成問題與挫折的主因。我們希望可以得到更多關於執行期的 JAR 之間的資訊。這就像隱藏在類別路徑中的依賴圖，只是等待被發掘與利用。接著，我們要討論 Java 9 模組了！

Java 9 模組

現在，你已經充分瞭解 Java 目前的模組化優勢與限制了。因為 Java 9，我們在尋求良好架構的應用程式的旅途中，加入一位新的盟友：*Java 模組系統*。在設計 Java 平台模組系統來克服目前的限制時，Java 定義了兩個主要的目標：

• 將 JDK 本身模組化。
• 提供一個模組化系統來讓應用程式使用。

這兩個目標是密切相關的。將 JDK 模組化的方式，是採用身為應用程式開發者的我們在 Java 9 中使用的同一套模組系統來完成的。

這個模組系統在 Java 語言與 runtime 加入模組的原生概念。模組可以匯出套件，或強力封裝套件。此外，它們也明確地表達與其他模組的依賴關係。你可以看到，模組化的三個原則都被 Java 模組系統履行了。

我們來回顧一下 MyApplication 範例，現在採用 Java 9 模組系統，見圖 1-2。

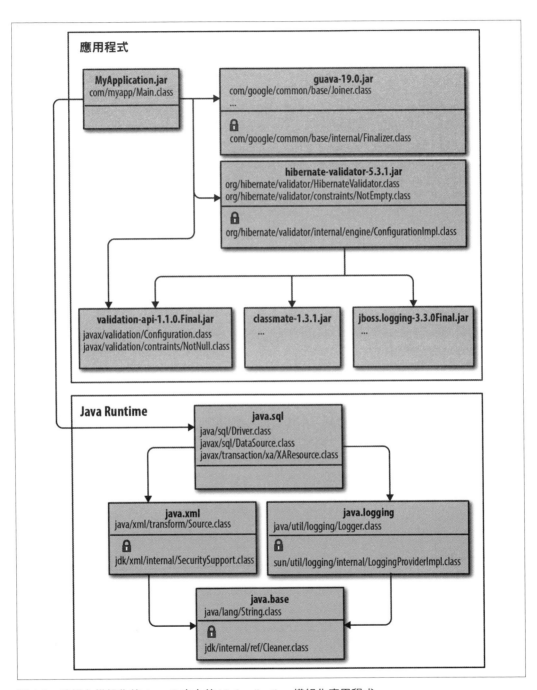

圖 1-2　建構在模組化的 Java 9 之上的 MyApplication 模組化應用程式

圖中的每一個 JAR 都被改為一個模組，模組裡面有其他模組的明確參考。hibernate-validator 使用 jboss-logging、classmate 與 validation-api 這些事實，已經成為它的模組描述項（*module descriptor*）的一部分了。模組有一個可公開使用的部分（在上面）與一個封裝的部分（在下面，用鎖頭表示）。因此，MyApplication 再也不能使用 Guava 的 Finalizer 類別了。透過這張圖，我們發現 MyApplication 也使用 validation-api 來註釋它的一些類別。更重要的是，MyApplication 與 JDK 的 java.sql 模組有明確的依賴關係。

圖 1-2 表達的應用程式資訊比圖 1-1 的類別路徑還要多。圖 1-1 只能指出 MyApplication 會與所有的 Java 應用程式一樣，都使用 *rt.jar* 裡面的類別，以及它會與（可能是不正確的）類別路徑上的許多 JAR 一起運行。

這只是應用層而已，一路下來，都有其他的模組。JDK 層也有一些模組（圖 1-2 展示其中一小部分）。如同應用層裡面的模組，它們都有明確的依賴關係，也會公開一些套件與隱藏其他的套件。在模組化的 JDK 中，最基本的平台模組是 java.base。它公開了 java.lang 與 java.util 等套件，這些都是其他模組必備的元素。因為你必須使用這些套件裡面的型態，所以每一個模組都潛在需要 java.base。如果應用模組需要除了 java.base 之外的平台模組的功能，那些依賴關係也必須是明確的，如同 MyApplication 依賴 java.sql 的情況。

最後，還有一種方法可以在 Java 語言中用較高的粒度（granularity）等級來表示程式碼的各個部分之間的依賴關係。想像一下，當你在編譯期與執行期擁有全部的資訊時，會有什麼好處。我們可以避免程式與其他未被參考的模組之間出現意外的依賴關係。工具鏈可藉由檢查模組的（傳遞性）依賴關係來得知為了執行它必須要有哪些其他的模組，並且可以使用這種知識來進行最佳化。

現在強力封裝、定義良好的介面，以及明確的依賴關係都已成為 Java 平台的一部分了。簡單來說，以下是 Java Platform Module System 最重要的優點：

可靠的配置

模組系統會在編譯或執行程式之前，先檢查收到的模組組合是否可以滿足所有依賴關係，可減少執行期錯誤。

強力的封裝

模組會明確地選擇哪些東西可公開給其他的模組，以避免內部實作細節的意外依賴關係。

可擴展的開發

明確的界限可讓團隊在平行工作的同時，建立可維護的基礎程式。唯有共用明確公開的公用型態，才可為模組系統建立一個自動強制執行的邊界。

安全

JVM 的最深層會強制進行強力封裝。這可限制 Java runtime 被攻擊的表面積，讓他人再也無法用反射來操作敏感的內部類別。

最佳化

因為模組系統知道哪些模組是在一起的，包含平台模組，所以在啟動 JVM 時不需要考慮其他的程式碼。它也開放一種可能性，可讓我們建立模組的最小配置版本來發布。此外，我們可以對這種模組集合執行整個程式的最佳化。在模組出現之前，這是非常困難的事情，因為沒有明確的依賴關係資訊，類別可能會參考類別路徑上的任何其他類別。

在下一章，我們要討論如何定義模組，以及它們的互動是以哪些概念來管理的。我們會藉由查看 JDK 本身的模組來探討。平台模組的數量遠超過圖 1-2 所示的。

在第 2 章探討模組化 JDK 是一種很棒的方式，可讓我們掌握模組系統概念的同時，熟悉 JDK 內的模組。畢竟，那些都是你會在你的模組化 Java 9 應用程式中最早使用的模組。完成第 2 章之後，我們就可以在第 3 章開始編寫自己的模組了。

模組與模組化的 JDK

Java 已經二十幾歲了。作為一種語言，它仍然很受歡迎，這證明 Java 一直都很棒。當你查看標準程式庫時，會很明顯地看到這個平台長期以來的演化。在 Java 模組系統出現之前，JDK 的 runtime 程式庫有個龐大的 *rt.jar*（見之前的圖 1-1），它的容量超過 60 MB。它有多數的 Java runtime 類別，是 Java 平台的終極巨無霸。為了找回靈活且具前瞻性的平台，JDK 團隊開始著手將 JDK 模組化，在過去 20 年的過程中，有許多 API 被加入，但幾乎沒有 API 被移除，鑑於 JDK 的大小與結構，這是個偉大的目標。

例如 CORBA—這個曾被視為企業計算領域的明日之星，現在幾乎是一種被遺忘的技術（如果你還在使用它的話，我們同情你。）直到目前，JDK 支援 CORBA 的類別仍然在 *rt.jar* 裡面。在每一個 Java 版本中，無論它運行哪種應用程式，裡面都有這些 CORBA 類別。無論你是否使用 CORBA，那些類別都會在那裡。在 JDK 內有這些遺留的東西，會導致沒必要地浪費磁碟空間、記憶體與 CPU 時間。在使用資源有限的設備時，或建立雲端小型容器時，這些資源是短缺的，更不用說，在開發過程中，當我們閱讀文件或使用 IDE 的自動完成功能時，這些舊有的類別會防礙我們理解。

但是，直接將這些技術移出 JDK 是不可行的，回溯相容性是 Java 其中一條最重要的指導原則，移除 API 會打破長時間的回溯相容性。雖然它可能只會影響低百分比的使用者，但仍然有很多人在使用 CORBA 這類的技術。在模組化的 JDK 中，不使用 CORBA 的人可以選擇忽略含有 CORBA 的模組。

或者，針對真正過時的技術，我們可以使用積極的棄用時間表。不過，JDK 還要經過幾次主要的版本才會移除多餘的負擔。此外，有哪些技術過時是由 JDK 團隊自行決定的，這是個困難的工作。

就 CORBA 這個特定案例而言，它的模組會被標記成棄用，代表後續的 Java 主要版本可能會將它移除。

但是，拆解龐大的 JDK 並非只要移除舊有的技術就可以了。有大量的技術對某些類型的應用而言是實用的，但對其他的應用而言卻是無用的。JavaFX 是 Java 最新的使用者介面技術，出現在 AWT 與 Swing 之後，它當然是不可以移除的東西，但顯然，它也不是每一種應用都需要的。例如，網路應用程式不會使用 Java 的任何 GUI 工具組，但我們也無法在不納入全部三種 GUI 工具組的情況下部署與執行應用程式。

除了方便性與浪費之外，我們也要考慮安全問題。Java 曾經出現許多安全漏洞，很多漏洞都有同一種特徵：攻擊者會透過某種手段來操作 JDK 內的機敏類別，繞過 JVM 的安全沙箱。從安全的角度來看，將 JDK 內部危險的類別強力封裝是很大的改善。此外，減少執行期可用的類別數量，也可減少攻擊表面積。只為了以後可以使用，而讓應用程式的執行期存在大量未使用的類別，並不是好的折衷方式。使用模組化 JDK 的話，只有應用程式需要的模組才會被解析。

到目前為止，我們可以清楚的看到，模組化對 JDK 本身而言是非常需要的。

模組化 JDK

為了建立更加模組化的 JDK，Java 8 採取的第一個步驟是加入**緊湊設置檔**（*compact profiles*）。設置檔定義了標準程式庫的套件子集合，來讓使用那個設置檔的應用程式使用。這些設置檔的名稱被定義為 *compact1*、*compact2* 與 *compact3*，每一個設置檔都是前一個設置檔的超集合，加入更多套件。Java 編譯器與 runtime 會根據這些預先定義的設置檔提供的資訊來進行更新。Java SE Embedded 8（只供 Linux 使用）提供了匹配緊湊設置檔的低空間 runtime。

如果你的應用程式適合表 2-1 的其中一個設置檔，使它來指定較小型的 runtime 是很好的做法，但是就算只有一個你需要的類別不在預定的設置檔內，你就不能使用它了。就這方面來說，緊湊設置檔很沒有彈性，它們也不強調強力封裝。但是作為一種過渡期的解決方案，緊湊設置檔的確也完成它們的目標。我們仍然需要更有彈性的做法。

表 2-1　為 Java 8 定義的設置檔

設置檔	說明
compact1	最小型的設置檔，含有 Java 核心類別，以及記錄（logging）和腳本（scripting）API
compact2	除了 compact1 之外，加入 XML、JDBC 與 RMI API
compact3	除了 compact2 之外，加入安全與管理 API

你已經在圖 1-2 稍微看到 JDK 9 被拆為模組的情形了。現在的 JDK 有大約 90 個平台模組（*platform modules*），而不是一個龐大的程式庫。與我們自己建立的應用模組不同的是，平台模組是 JDK 的一部分。在技術上，平台模組與應用模組沒有差別。每一個平台模組都可構成定義良好的 JDK 功能，從記錄到支援 XML。所有的模組都會明確地定義它們與其他模組的依賴關係。

圖 2-1 是這些平台模組的子集合與它們的依賴關係。每一條線都代表模組間的單向依賴關係（我們稍後會說明實線與虛線的差異）。例如，java.xml 依賴 java.base。第 10 頁的"Java 9 模組"談過，每一個模組都會潛在依賴 java.base。在圖 2-1 中，這個潛在的依賴關係只會在 java.base 是某個模組唯一的依賴項目時顯示，例如 java.xml。

雖然這張依賴圖看起來有點複雜，但我們可從中得到許多資訊。藉由查看這張圖，你可以相當程度地瞭解 Java 標準程式庫提供什麼東西，以及功能之間的關係。例如，java.logging 有許多**進來的依賴關係**，代表有許多其他的平台模組使用它。就 logging 這種核心功能而言，這是合理的現象。模組 java.xml.bind（含有 XML 綁定需要的 JAXB API）有許多**出去的依賴關係**，包括意想不到的 java.desktop。可在一張依賴圖看到這個奇特的情況並討論它，對我們而言是很大的進步。因為 JDK 的模組化，這張圖有清楚的模組界限與明確的依賴關係可供我們理解。可根據明確的模組資訊來總覽 JDK 這種大型的基礎程式，是很有價值的。

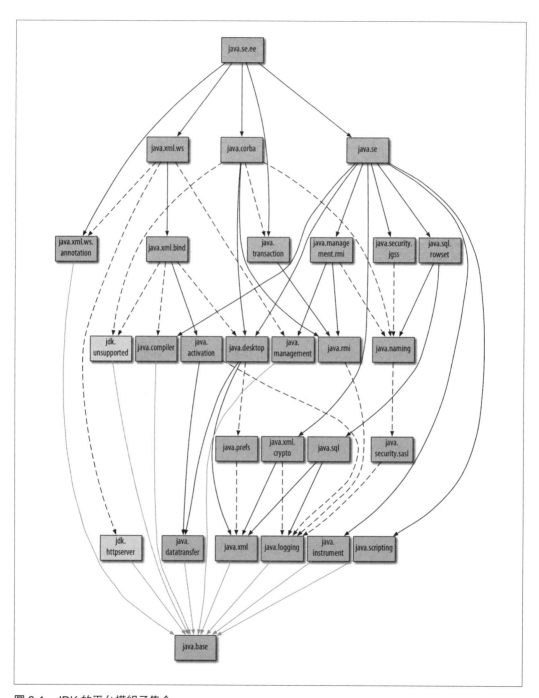

圖 2-1　JDK 的平台模組子集合

要注意的另一件事，就是依賴圖的所有箭頭都是向下的，這張圖中沒有循環。這不是偶然的：Java 模組系統不允許模組之間在編譯期有循環依賴關係。

循環依賴關係通常代表不良的設計。我們會在第 96 頁的 "拆開循環" 討論如何辨識與解決你的基礎程式中的循環依賴關係。

圖 2-1 的所有模組，除了 `jdk.httpserver` 與 `jdk.unsupported` 之外，都是 Java SE 規格的一部分，這些模組的名稱都以 `java.*` 開頭。每一個通過認證的 Java 實作都必須包含這些模組。`jdk.httpserver` 這種模組含有工具與 API 的**實作**，這些實作的所在位置不受 Java SE 規格的規範，但是，要讓 Java 平台正常運行，這些模組是必備的。JDK 還有許多其他的模組，它們大部分都使用 `jdk.*` 命名空間。

你可以執行 `java --list-modules` 來取得平台模組的完整清單。

在圖 2-1 的最上面有兩個重要的模組：`java.se` 與 `java.se.ee`，它們是所謂的**聚合模組**（*aggregator modules*），負責在邏輯上聚合一些其他的模組。本章稍後會談到聚合模組的工作方式。

將 JDK 分解成模組需要大量的工作。將一個糾纏不清、有機成長，而且裡面有成千上萬個類別的基礎程式分解成良好定義，並且有明確界限的模組，同時還要保留回溯相容性，需要花費很多時間，而且因為有長達 20 年來累積的殘留物，Java 有許多可疑的依賴關係必須被解開，這就是 Java 花這麼久的時間才擁有模組系統的其中一個原因。展望未來，這個努力的成果必然會提升開發速度，以及增加 JDK 的彈性。

孵化模組

另一個模組提供的可進化案例是**孵化模組**（*incubator modules*），詳見 JEP 11（*http://openjdk.java.net/jeps/11*）（*JEP* 代表 *Java Enhancement Proposal*，*Java 增強提議*）。孵化模組是一種使用 JDK 來發表實驗性 API 的方法。例如，在 Java 9，有一種新的 HttpClient API 是用 `jdk.incubator.httpclient` 模組來發表的（所有的孵化模組都以 `jdk.incubator` 開頭）。需要的話，你可以使用這種孵化模組，並且清楚地知道它們的 API 仍然可能會改變。這可讓 API 在真實世界的

> 環境中成熟與強化，在之後的 JDK 版本中，再以完全支援的模組來發表它，或移除它，如果這個 API 在實務上不成功的話。

模組描述項

現在我們已經高層次地概觀 JDK 模組結構了，接著要來討論模組如何運作。什麼是模組，以及如何定義它？模組有個名稱，可集合有關的程式碼與其他的資源，並用模組描述項（module descriptor）來描述。模組描述項位於一個名為 *module-info.java* 的檔案內。範例 2-1 是 java.prefs 平台模組的模組描述項。

範例 2-1 module-info.java

```
module java.prefs {
    requires java.xml; ❶

    exports java.util.prefs; ❷
}
```

❶ requires 關鍵字代表依賴關係，在這個例子中，它代表與模組 java.xml 之間的關係。

❷ 將 java.prefs 模組的一個套件匯出給其他的模組。

模組位於全域命名空間；因此，模組的名稱必須是唯一的。如同套件名稱，你可以使用反向 DNS 標記法這種規範（例如，com.mycompany.project.somemodule）來確保你的模組的唯一性。模組描述項的開頭一定是 module 關鍵字，之後是模組的名稱。接下來的 *module-info.java* 內文描述的是模組的其他特徵，如果有的話。

接著我們來看 java.prefs 的模組描述項的內文。java.prefs 裡面的程式碼會使用 java.xml 的程式，從 XML 檔案載入偏好設定。這個依賴關係必須在模組描述項內列出，如果你沒有宣告這個關係，模組系統就會無法編譯（或執行）java.prefs。依賴關係是用 requires 關鍵字與模組名稱來宣告的，這裡的模組名稱是 java.xml。你也可以將你的模組與 java.base 的潛在依賴關係加入模組描述項，但這樣做沒有任何好處，這就好像你可以在使用字串的類別中加入 "import java.lang.String"（但通常不會）。

模組描述項也可以加入 exports 陳述式。強力封裝是模組的預設行為。當套件被明確地匯出時，例如這個範例的 java.util.prefs，這個套件才可以被其他的模組使用。在預設的情況下，其他的模組無法使用未被另一個模組匯出的內部套件。其他的模組無法參考被封裝的套件內的型態，即使它們與該模組有依賴關係。在圖 2-1 中，你可以看到 java.desktop 依賴 java.prefs，意味著 java.desktop 只能操作 java.prefs 模組的 java.util.prefs 套件裡面的型態。

可讀性

關於模組間的依賴關係有一個很重要的新概念：**可讀性**（*readability*）。讀取其他的模組，代表你可以操作它匯出的套件內的型態。你可以在模組描述項內，使用 requires 子句來設定模組之間的可讀性關係。根據定義，每一個模組都可讀取它自己，而 requires 別的模組的模組可以**讀取**其他的模組。

我們來回顧 java.prefs 模組，來瞭解可讀性的效果。在範例 2-2 的 JDK 模組中，以下的類別會匯入並使用 java.xml 模組的類別。

範例 2-2　類別 *java.util.prefs.XmlSupport* 的一部分

```
import org.w3c.dom.Document;
// ...

class XmlSupport {

  static void importPreferences(InputStream is)
      throws IOException, InvalidPreferencesFormatException
  {
      try {
          Document doc = loadPrefsDoc(is);
          // ...
        }
  }

  // ...
}
```

這段程式匯入 org.w3c.dom.Document（還有其他的類別）。它來自 java.xml 模組。因為在範例 2-1 中，java.prefs 模組描述項含有 requires java.xml，所以這段程式可以編譯。如果 java.prefs 模組的作者遺漏 requires 子句，Java 編譯器就會回報錯誤。在模組 java.prefs 中使用 java.xml 的程式，是蓄意的，也是明確記錄的選擇。

可操作性

可讀性關係是關於模組讀取其他模組的關係。但是，你可以讀取一個模組，不代表可以操作（*access*）它匯出的套件的所有東西。建立可讀性之後，一般的 Java 可操作性規則仍然有效。

Java 語言原本就已經內建可操作性規則了。表 2-2 複習既有的操作修飾詞與它們造成的影響。

表 2-2　操作修飾詞及其範圍

操作修飾詞	類別	套件	子類別	未限制
public	✓	✓	✓	✓
protected	✓	✓	✓	
- *(default)*	✓	✓		
private	✓			

可操作性是在編譯期與執行期實施的。可操作性與可讀性的組合，可讓我們在模組系統中獲得渴望的強力封裝保證。你是否可在模組 M1 內操作模組 M2 的型態，需要回答兩個問題：

1. M1 可讀取 M2 嗎？

2. 若是，M2 匯出的套件內的型態是可操作的嗎？

其他的模組只能操作被匯出的套件內的公用（public）型態。如果某個型態屬於被匯出的套件，但不是公用的，傳統的操作規則會阻擋它的使用。如果型態是公用的，但是未被匯出，模組系統的可讀性規則會阻止別人使用它。在編譯期發生的衝突會導致編譯錯誤，在執行期發生的衝突會導致 IllegalAccessError。

Public 仍然是 Public 嗎？

未被匯出的套件裡面的所有型態都無法被其他的模組使用—包括那個套件內的 public 型態。這根本性地改變了 Java 語言的可操作性規則。

在 Java 9 之前，事情相當簡單。如果類別或介面是 public，它就可被所有其他類別使用。在 Java 9，public 代表它只對該模組內的所有其他套件公開。唯有含有該 public 型態的套件被匯出時，這個型態才可以被其他的模組使用。這就是強力封裝，它會強迫開發者小心設計套件結構，將供外面使用的型態與供內部使用的型態明確地分開。

在模組系統加入之前，將實作類別強力封裝的唯一方式，就是將它們都放在一個套件內，並將它們都標記為套件私用。因為這會產生臃腫的套件，在實務上，一個類別之所以會被標為 public，只是為了讓不同的套件可以操作。在模組系統中，你可以用任何你喜歡的方式來架構套件，並且只匯出確實要讓模組的使用方操作的東西。我們可以說，被匯出的套件形成模組的 API。

關於可操作性規則的另一個麻煩的問題是**反射**。在模組系統出現之前，所有被反射的物件都有一種有趣但很危險的方法，稱為 setAccessible。你可以藉由呼叫 setAccessible(true) 來將任何元素（無論它是公用或私用的）變成可操作。現在你仍然可以使用這種方法，但它會遵守之前談到的規則。我們再也不能對其他模組匯出的任何元素呼叫 setAccessible，並期望它的行為與以前一樣了。使用反射也無法破壞強力封裝。

有一些方法可繞過模組系統的可操作性新規則。這些變通辦法大都應該視為遷移時的方便辦法，我們會在第二部分討論它們。

默認可讀性

在預設情況下，可讀性是不能傳遞的。我們用圖 2-2 中，指向 java.prefs 與從它往外指的讀取線來說明這一點。

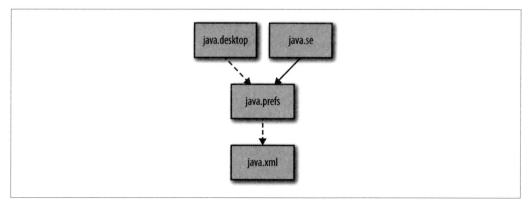

圖 2-2 可讀性是不可傳遞的：java.desktop 無法透過 java.prefs 讀取 java.xml

在這裡，java.desktop 會讀取 java.prefs（還有其他的模組，為了簡化而不列入）。我
們已經知道這代表 java.desktop 可以操作 java.util.prefs 套件內的公用型態了。但
是，java.desktop 無法透過它與 java.prefs 的關係來操作 java.xml 內的型態。只是剛好
java.desktop 也會使用 java.xml 的型態，所以 java.desktop 在它的模組描述項裡面也有
自己的 requires java.xml。你也可以在圖 2-1 看到這種關係。

有時你希望讀取關係是可傳遞的，例如，模組 M1 匯出的套件裡面有一個型態參考另一
個模組 M2 內的型態，此時，require M1 的模組也要參考 M2 的型態，如果那個模組無
法讀取 M2 時，那個模組就無法使用。

這聽起來十分抽象，所以舉例說明比較好。你可以在 JDK 的 java.sql 模組找到這種例
子。它有兩個介面（範例 2-3 的 Driver 與範例 2-4 的 SQLXML），這些介面定義的方法簽
章的結果是來自其他模組的型態。

範例 2-3 Driver 介面（只列出一部分），可讓你取回來自 java.logging 模組的 Logger

```
package java.sql;

import java.util.logging.Logger;

public interface Driver {
  public Logger getParentLogger();
  // ..
}
```

範例 2-4　*SQLXML 介面（只列出一部分），使用 java.xml 模組的 Source，它代表從資料庫傳回來的 XML*

```java
package java.sql;

import javax.xml.transform.Source;

public interface SQLXML {
  <T extends Source> T getSource(Class<T> sourceClass);
  // ..
}
```

當你在模組描述項中建立與 java.sql 的關係之後，就可以用這些介面來寫程式，因為它們在被匯出的套件裡面。但是當你呼叫 getParentLogger 或 getSource 時，會得到不是由 java.sql 匯出的型態的值。就前者而言，你會從 java.logging 取得 java.util.logging.Logger，就後者而言，你會從 java.xml 取得 javax.xml.transform.Source。為了使用回傳值來做有效的事情（指派給一個區域變數，並且用它們來呼叫方法），你也必須讀取這些其他的模組。

當然，你也可以在你自己的模組描述項中手動加入與 java.logging 或 java.xml 的依賴關係。但是這種做法很難讓人滿意，特別是因為 java.sql 的作者已經知道，如果使用方無法讀取那些其他的模組，他的介面是無法被使用的。默認可讀性可讓模組作者在模組描述項中表達這種可傳遞的可讀性關係。

就 java.sql 而言，它長得像：
```java
module java.sql {
    requires transitive java.logging;
    requires transitive java.xml;

    exports java.sql;
    exports javax.sql;
    exports javax.transaction.xa;
}
```

現在 requires 關鍵字後面被加上 transitive 修飾詞，語法稍微改變了。一般的 requires 只能讓模組存取它 requires 的模組匯出的套件內的型態。requires transitive 也有相同的意思，除此之外，現在 requires java.sql 的任何模組都會自動 requires java.logging 與 java.xml。這意味著，現在你可以藉由這些默認可讀性關係來操作那些模組匯出的套件。模組作者可使用 requires transitive 來為模組的使用方設定額外的可讀性關係。

對使用方而言，這可讓它們更容易使用 java.sql。當你 require java.sql 時，除了可以操作被匯出的套件 java.sql、javax.sql 與 javax.transaction.xa（它們都會被 java.sql 直接匯出）之外，也可以操作被 java.logging 與 java.xml 匯出的所有套件。這就好像因為 java.sql 使用 requires transitive 來設定默認可讀性關係，所以它會為你再次匯出這些套件。其實沒有 "從其他模組再次匯出套件" 這種事情，但用這種方式來理解，可協助你瞭解默認可讀性的效果。

對使用 java.sql 的 app 應用模組而言，只要使用以下的模組定義就可以了：

```
module app {
  requires java.sql;
}
```

使用這個模組描述項後，就會產生圖 2-3 中的默認可讀性線條。

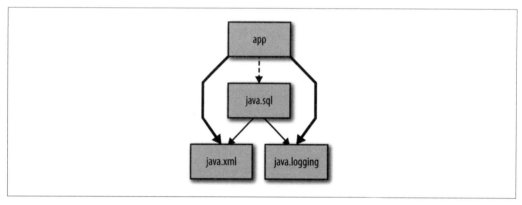

圖 2-3　粗線代表默認可讀性的效果（requires transitive）

app 獲得 java.xml 與 java.logging 的默認可讀性（圖 2-3 的粗線），是因為 java.sql 對這些模組使用 requires transitive（圖 2-3 的細線）。因為 app 沒有匯出任何東西，而且只使用 java.sql 來編寫被它封裝的程式，所以使用一般的 requires 子句就夠了（圖 2-3 的虛線）。當你需要在內部使用其他的模組時，使用一般的 requires 就可以了。另一方面，如果你匯出的型態會使用其他模組內的型態，就要使用 requires transitive。在第 83 頁的 "API 模組" 中，我們會更詳細地討論在自己的模組中使用默認可讀性的方法與時機。

我們再來看一下圖 2-1。在那張圖中，所有的實線也都是 requires transitive 關係，而虛線是一般的 requires 關係。**非傳遞性依賴關係代表那個依賴項目是該模組的內部實作必備的，傳遞性依賴關係代表那個依賴項目是為了支援模組的 API 必備的。** 後者的依賴項目比較重要，因此本書的圖表中，會用實線來描繪它們。

知道這些新知識後，看一下圖 2-1，我們可以找出另一個默認可讀性的使用案例：它可以將許多模組聚集成一個新模組。例如 java.se。這個模組裡面沒有任何程式，只有一個模組描述項。這個模組描述項會對每一個符合 Java SE 規格的模組使用 requires transitive 子句。當你在一個模組中 require java.se 時，就可以受惠於默認可讀性，操作 java.se 聚集的每一個模組所匯出的 API：

```
module java.se {
    requires transitive java.desktop;
    requires transitive java.sql;
    requires transitive java.xml;
    requires transitive java.prefs;
    // .. 及其他
}
```

默認可讀性本身也是傳遞性的。以這個平台的另一個聚合模組 java.se.ee 為例。從圖 2-1 可以看出，java.se.ee 聚集的模組甚至比 java.se 還要多。它的做法是使用 requires transitive java.se 來加入一些含有 Java Enterprise Edition（EE）規格的組件的模組。以下是 java.se.ee 聚合模組描述項的樣子：

```
module java.se.ee {
    requires transitive java.se;
    requires transitive java.xml.ws;
    requires transitive java.xml.bind;
    // .. 及其他
}
```

java.se 前面的 requires transitive 可確保當 java.se.ee 被 require 時，java.se 聚集的所有模組也都有默認可讀性。此外，java.se.ee 也對一些 EE 模組設定默認可讀性。

最終的結果是，java.se 與 java.se.ee 為可透過這些可傳遞依賴關係來接觸的大量模組提供了默認可讀性。

在應用模組中 require java.se.ee 或 java.se 通常不是正確的行為，這代表你會複製 Java 9 之前版本的行為，讓你的模組可操作所有的 *rt.jar*。你應該盡可能地仔細定義依賴關係。在模組描述項裡面更精確地 require 實際用到的模組是有好處的。

在第 90 頁的 "聚合模組",我們會探討聚合模組如何協助設計模組化程式庫。

限定匯出

在某些情況下,你只想要將一個套件公開給某些其他的模組。你可以在模組描述項中使用限定匯出(*qualified exports*)來做這件事。`java.xml` 模組內有個限定匯出的範例:

```
module java.xml {
  ...
  exports com.sun.xml.internal.stream.writers to java.xml.ws
  ...
}
```

我們可以看到,這個平台模組與其他的平台模組分享實用的內部資源。它匯出的套件只會被後面指定的模組使用。你可以用逗號來隔開多個目標模組名稱,以提供限定匯出。沒有被這個 to 子句指名的任何模組都無法使用這個套件內的型態,即使它們可讀取模組。

有限定匯出這種功能,不代表你一定要使用它們。一般來說,在應用程式中,你應該避免在模組之間使用限定匯出。當你使用它時,會在被匯出的模組與它的使用方之間建立親密的關係,從模組化的角度來看,這不是件好事。模組其中一種很棒的特性就是,你可以有效地分開 API 的提供者與使用者之間的關係。限定匯出會破壞這項特性,因為如此一來,使用者模組的名稱就會變成供應者模組的描述項的一部分。

但是,在將 JDK 模組化時,就不太需要考慮這件事。當你要將這個平台與所有舊有的東西一起模組化時,必然要使用限定匯出。許多平台模組都會封裝部分的程式碼,透過限定匯出來公開一些內部的 API 給被它選到的其他平台模組使用,並且使用一般的匯出機制來匯出要讓應用程式使用的公用 API。平台模組藉由使用限定匯出可讓程式比較精簡,而不會有重複的程式。

模組解析與模組路徑

明確的模組依賴關係並非只能產生漂亮的圖表。Java 編譯器與 runtime 在編譯與執行模組時,都會使用模組描述項來解析正確的模組。模組是從*模組路*徑解析出來的,而不是類別路徑。類別路徑是簡單的型態(就算你使用 JAR 檔案時)列表,而模組路徑只有模組。你已經知道,這些模組含有明確的資訊說明它們匯出的套件,讓模組路徑可有效地檢索目標,當 Java runtime 與編譯器要尋找某個套件使用的型態時,就可知道要從模組路徑解析哪個模組。以前，要找出任何一種型態，唯一的方式就是掃描所有的類別路徑。

當你想要執行一個被包裝成模組的應用程式時，也必須知道它的所有依賴關係。根據依賴關係圖，以及從那張圖選出的**根模組**來計算需要的最小模組集合，稱為模組解析。從根模組開始可以抵達的每一個模組，都會屬於**解析結果模組**（*resolved modules*）集合。用數學來說，這相當於計算依賴關係圖的 *transitive closure*。這聽起來很複雜，但過程相當容易瞭解：

1. 從一個根模組開始，將它加入解析結果集合。

2. 將 每 一 個 被 require 的 模 組（ 在 *module-info.java* 裡 面 的 requires 或 requires transitive）加入解析結果集合。

3. 對每一個被步驟 2 加入解析結果集合的新模組重複執行步驟 2。

這個程序一定會終止，因為我們只會對新發現的模組重複執行這個程序。此外，依賴關係圖必須是非循環的。如果你想要解析多個根模組的模組，可對每一個根模組執行這個演算法，接著取結果集合的聯集。

我們來嘗試一個範例。我們有個應用模組 app，它是解析程序的根模組。它只會使用模組化 JDK 的 java.sql：

```
module app {
    requires java.sql;
}
```

現在我們來執行模組解析步驟。在考慮模組的依賴關係時，我們省略 java.base，並假設它一定屬於被解析出來的模組。現在你可以按照圖 2-1 的線條來追隨以下步驟：

1. 將 app 加入已解析集合；發現它 requires java.sql。

2. 將 java.sql 加入已解析集合；發現它 requires java.xml 與 java.logging。

3. 將 java.xml 加入已解析集合，發現它沒有 require 任何其他東西。

4. 將 java.logging 加入已解析集合；發現它沒有 require 任何其他東西。

5. 現在新的模組都已被加入了，解析完成。

這個解析程序會產生一個含有 app、java.sql、java.xml、java.logging 與 java.base 的集合。當你執行 app 時，模組就是用這種方式來解析的，且模組系統會從模組路徑取得模組。

這個程序在執行過程中也會做額外的檢查。例如,有相同名稱的兩個模組會在一開始的時候產生錯誤(而不是在執行期發生必然的類別載入失敗時)。它也會檢查匯出套件的唯一性,只能有一個在模組路徑上的模組可以公開特定的套件。第 94 頁的 "劈腿套件" 會討論有多個模組匯出同一個套件時產生的問題。

版本

到目前為止,我們在討論模組解析時,都沒有談到版本。你可能會覺得這很奇怪,因為我們習慣在(舉例)Maven POMs 中指定依賴關係與版本。將**版本的選擇**移出 Java 模組系統是個深思熟慮的決策。版本在模組解析期間沒有作用。在第 106 頁的 "模組版本控制" 中,我們會更深入地討論這個決策。

模組解析程序與額外的檢查可確保應用程式在可靠的環境中運行,比較不會在執行期失敗。在第 3 章,你將會學到如何在編譯與執行你自己的模組時建構模組路徑。

在不使用模組的情況下使用模組化的 JDK

你已經知道許多關於模組系統的新觀念了。此時你可能在想,它們會如何影響既有的,顯然尚未被模組化的程式。你真的需要將程式轉換成模組,才能開始使用 Java 9 嗎?還好不是。你可以像之前的 Java 版本一樣使用 Java 9,而不需要將程式移入模組。對應用程式碼而言,模組系統完全是選擇性的,它仍然可以使用類別路徑。

但是,JDK 本身是由許多模組構成的,我們該如何協調這兩個世界?假設你有一段範例 2-5 的程式。

範例 2-5 *NotInModule.java*

```
import java.util.logging.Level;
import java.util.logging.Logger;
import java.util.logging.LogRecord;


public class NotInModule {

  public static void main(String... args) {
    Logger logger = Logger.getGlobal();
    LogRecord message = new LogRecord(Level.INFO, "This still works!");
```

```
        logger.log(message);
    }

}
```

它只是個類別,未被移到任何模組裡面。程式顯然使用 JDK 的 `java.logging` 模組的型態。不過,我們沒有表達這種關係的模組描述項。但是,當你在沒有模組描述項的情況下編譯這段程式,將它放在類別路徑上再執行它,它仍然可以運作。為何如此?在模組外面被編譯與載入的程式碼最後會被放在**無名模組**(*unnamed module*)內。相較之下,你到目前為止看過的模組都是**明確模組**(*explicit modules*),都會在 *module-info.java* 內定義它們的名稱。無名模組是特殊的模組:它可以讀取所有其他的模組,包括這個例子的 `java.logging` 模組。

尚未被模組化的程式可以透過無名模組繼續在 JDK 9 上運行。當你將程式碼放在類別路徑上時,就會自動使用無名模組。這也代表你仍然必須負責自行建構正確的類別路徑。當你使用無名模組時,幾乎所有之前談過的模組系統的保證與好處都會失效。

當你在 Java 9 中使用類別路徑時,還需要注意兩件事情。首先,因為平台已經被模組化了,它會強力封裝內部的實作類別。在 Java 8 之前,你可以使用 Java 未支援的內部 API,而不會有任何不良影響。在 Java 9,你不能編譯被平台模組封裝的型態。為了協助遷移,使用這些內部 API 並且用之前的 Java 版本編譯的程式碼仍然可在 JDK 9 類別路徑上運行。

> 當你在 JDK 9 類別路徑上執行(而不是編譯)應用程式時,會啟動一個較寬鬆的強力封裝形式。在 JDK 8 之前可使用的所有內部類別,仍然可在 JDK 9 的執行期使用。當你透過反射來使用這些被封裝的型態時,會出現警告。

當你編譯無名模組內的程式時,要注意的第二件事情就是 `java.se` 在編譯期間會被當成根模組。你可以操作可透過 `java.se` 抵達的模組內的任何型態,而且它們都仍然可以工作,如範例 2-5 所示。不過,這意味著在 `java.se.ee` 之下,但不在 `java.se` 之下的模組(例如 `java.corba` 與 `java.xml.ws`)都無法被解析,因此都無法使用。這項策略最明顯的範例之一是 JAXB API。第 7 章會更詳細地討論這兩項限制的理由,以及如何應付它們。

在這一章，你已經知道 JDK 如何被模組化了。雖然模組在 JDK 9 扮演核心角色，但是對應用程式而言，它們是選擇性的。雖然目前已經有一些措施確保可在 JDK 9 之前的類別路徑上執行的應用程式仍然可以運作，但如你所見，仍然有一些要注意的地方。在下一章，我們要使用之前談過的模組概念來建立我們自己的模組。

第三章

使用模組

在這一章，我們要踏出第一步，使用 Java 9 來做模組開發的。你將會開始著手編寫你的第一個模組，而非只是查看 JDK 內的既有模組。為了輕鬆地工作，我們要把注意力放在最簡單的模組上面。我們稱它為 *Modular Hello World*。從中獲取經驗之後，我們就可以用多個模組來完成更有抱負的範例了。屆時，我們會介紹整本書都會用到的範例，稱為 EasyText，它將會隨著你學到的模組系統知識而成長。

你的第一個模組

你已經在上一章看過模組描述項的範例了，但是模組通常不會只有描述項。因此，Modular Hello World 不是只有一個原始檔：我們要觀察它在環境中的行為。我們會從編譯、包裝與執行一個模組開始，來瞭解新的模組工具選項。

解剖模組

第一個範例的目的，是將以下的類別編譯成模組並執行它（範例 3-1）。一開始，我們有一個被放在套件內的類別，所以會有一個模組。這個模組只有被放在套件內的型態，所以需要定義套件。

範例 3-1　*HelloWorld.java*（➥ *chapter3/helloworld*）

```
package com.javamodularity.helloworld;

public class HelloWorld {

    public static void main(String... args) {
        System.out.println("Hello Modular World!");
```

```
    }

  }
```

在檔案系統中，原始檔案的目錄結構是：

```
src
└── helloworld ❶
    ├── com
    │   └── javamodularity
    │       └── helloworld
    │           └── HelloWorld.java
    └── module-info.java ❷
```

❶ 模組目錄

❷ 模組描述項

它與傳統的 Java 原始檔案結構有兩個主要的差別。首先，它有額外的間接層級：在 *src* 底下有另一層目錄 *helloworld*。這個目錄是以我們要建立的模組名稱來命名的。其次，在這個模組目錄裡面有原始檔案（與之前一樣，在它的套件結構內）與一個**模組描述項**。模組描述項在 *module-info.java* 裡面，它是 Java 模組的關鍵因素。它的存在會讓 Java 編譯器知道：我們正在使用模組，而不是一般的 Java 原始檔。你可以在本章的其他部分看到，編譯器在處理模組時的行為，與處理一般的 Java 原始檔案有很大的不同。模組描述項必須位於模組目錄的根目錄。它會與其他的原始檔案一起被編譯成一個稱為 *module-info.class* 的二進位類別檔。

那麼，模組描述項的內容是什麼？我們的 *Modular Hello World* 範例相當簡單：

```
module helloworld {

}
```

我們使用新的 module 關鍵字來宣告一個模組，在它後面是模組名稱。這個名稱**必須**匹配含有這個模組描述項的目錄的名稱。否則，編譯器會拒絕編譯，並回報這個不匹配。

> 當你在多模組模式下執行編譯器時，才需要這樣匹配名稱，不過通常你都會採用這種模式。在第 36 頁的 "編譯" 討論的單模組案例中，目錄名稱並不重要。無論如何，將目錄的名稱取為模組的名稱都是很好的做法。

因為模組宣告式的內文是空的，helloworld 模組不會匯出任何東西給其他的模組。在預設情況下，所有的套件都是被強力封裝的。雖然在這個宣告式中（還）沒有依賴資訊，但請記得，這個模組仍然會潛在依賴 java.base 平台模組。

或許你在想，在語言中加入新的關鍵字會不會損壞本來就使用 module 來作為識別碼的舊程式。還好不會，你仍然可以在其他的原始檔案中使用名為 module 的識別碼，因為 module 是限制關鍵字（*restricted keyword*），它在 *module-info.java* 裡面才會被視為關鍵字。requires 關鍵字以及到目前為止，你在模組描述項內看過的其他新關鍵字也是如此。

---

module-info 名稱

通常，Java 原始檔的名稱會對應它裡面的（公用）型態。例如，我們那個含有 HelloWorld 類別的檔案必須使用 *Hello-World.java* 檔名。但 module-info 名稱沒有這種對應關係。此外，module-info 甚至不是合法的 Java 識別碼，因為它裡面有個破折號。破折號是故意使用的，以避免無法查覺模組的工具會像處理一般的 Java 類別一樣，盲目地處理 *module-info.java* 或 *module-info.class*。

在 Java 語言中，保留特殊的原始檔案名稱並不是沒有發生過的事情。在 *module-info.java* 之前，也曾經有 *package-info.java*。雖然它比較不為人知，但它從 Java 5 以來就存在了。你可以在 *package-info.java* 裡面的套件宣告式中加入使用說明與註釋。類似 *module-info.java*，它會被 Java 編譯器編譯成類別檔。

現在我們有個模組描述項，裡面只有模組宣告式，與一個原始檔案。不過這已經足以讓我們編譯第一個模組了！

命名模組

為東西命名雖然很難，卻很重要。特別是為模組命名，因為它們會被用來表達應用程式的高階結構。

模組名稱位於與 Java 的其他命名空間不一樣的全域命名空間內。所以，理論上，你可以讓模組名稱與類別、介面或套件的名稱相同。不過在實際的使用上，這可能會造成困擾。

模組名稱必須是唯一的：一個應用程式只能有一個模組使用任何一個名稱。Java 習慣使用**反向** *DNS* 標記法來讓套件名稱是全域唯一的，你可以讓模組採取同樣的做法。例如，你可以將 helloworld 模組改名為 com.javamodularity.helloworld。但是這會產生冗長且有點複雜的模組名稱。

你是否真的需要讓模組名稱在**應用程式**中是全域唯一的？當然，當你的模組是一個公開發表的程式庫，會被許多應用程式使用，選擇全域唯一的模組名稱是合理的做法。在第 209 頁的 "選擇程式庫模組名稱" 中，我們會進一步討論這個概念。對應用模組而言，選擇較簡短且較好記的名稱並不可恥。

在這本書中，我們傾向使用較短的模組名稱，來讓你更容易閱讀範例。

編譯

擁有原始格式的模組是一回事，如果我們不先編譯它，就無法執行它。在 Java 9 出現之前，當你執行 Java 編譯器時，要指定目的目錄與一組要編譯的原始檔：

```
javac -d out src/com/foo/Class1.java src/com/foo/Class2.java
```

在實務上，這通常會由 Maven 或 Gradle 等組建工具私下完成，不過原理是相同的。類別會被送到目標目錄（在這個範例中，是 out），並使用嵌套的資料夾來代表輸入（套件）結構。我們可以遵循相同的模式來編譯 Modular Hello World 範例：

```
javac -d out/helloworld \
    src/helloworld/com/javamodularity/helloworld/HelloWorld.java \
    src/helloworld/module-info.java
```

這裡有兩項明顯的差異：

- 我們輸出至 *helloworld* 目錄，反應模組名稱。

- 我們加入額外的原始檔案 *module-info.java* 來編譯。

在待編譯的檔案集合中有 *module-info.java* 時，可觸發 javac 的模組感知模式。執行編譯可產生以下的輸出，它也稱為**展開模組**（*exploded module*）格式。

```
out
└── helloworld
    ├── com
    │   └── javamodularity
    │       └── helloworld
    │           └── HelloWorld.class
    └── module-info.class
```

最好的做法是將含有展開模組的目錄命名為模組名稱，但這不是必需的。畢竟，模組系統會從描述項取得模組的名稱，而不是從目錄名稱。在第 38 頁的 "執行模組" 中，我們會拿這個展開模組來執行。

編譯多個模組

你到目前為止看到的都是 Java 編譯器所謂的**單模組模式**。通常你要編譯的專案是由多個模組構成的。這些模組可能會互相參考，也可能不會。或者，專案可能是單個模組，但使用其他（已編譯）的模組。為了處理這些情況，Java 加入額外的編譯器旗標：--module-source-path 與 --module-path。它們是在 javac 存在已久的 -sourcepath 與 -classpath 的模組對應旗標。我們在第 44 頁的 "雙模記" 中討論多模組範例時，會解釋它們的語法。請記得，在這個多模組模式中，模組原始檔目錄的名稱**必須**匹配在 *module-info.java* 內宣告的名稱。

組建工具

我們一般不會直接在命令列手動執行編譯器、操作旗標，以及列出所有原始檔案。我們通常會使用 Maven 或 Gradle 等組建工具來將這些細節抽象化。因此，我們不會討論每一個被加入 Java 編譯器與 runtime 的新選項的細枝末節。你可以在官方文件中找到詳盡解釋它們的內容（*http://bit.ly/tools-comm-ref*）。當然，組建工具也必須配合新的模組化的現況。在第 11 章，我們會展示如何將一些最熱門的組建工具用在 Java 9。

包裝

到目前為止，我們已經建立一個模組，並將它編譯成展開模組格式了。在下一節，我們會告訴你如何執行這種被展開的模組。這很適合在開發階段使用，但是在成品的情況下，我們希望用較方便的格式來發表模組。為此，我們可以用 JAR 檔案來包裝與使用模組。這會產生**模組化** *JAR* 檔案。模組化 JAR 檔案類似一般的 JAR 檔案，但它也含有一個 *module-info.class*。

JAR 工具已經被更新，來配合 Java 9 的模組了。要包裝 Modular Hello World 範例，請執行以下的命令：

```
jar -cfe mods/helloworld.jar com.javamodularity.helloworld.HelloWorld \
    -C out/helloworld .
```

使用這個命令，我們可以在 *mods* 目錄內建立一個新的封存檔（ -cf），稱為 *helloworld.jar*（不過，請確保目錄已經存在）。此外，我們希望讓 HelloWorld 類別成為這個模組的進入點（ -e）；當有人在啟動這個模組時沒有指定另一個要執行的主類別時，這是預設的選項。我們使用完整的類別名稱作為進入點引數。最後，我們要求 jar 工具切換到（ -C）*out/helloworld* 目錄，並將這個目錄內所有已編譯的檔案放入 JAR 檔案。現在 JAR 的內容類似展開模組，並加入一個 *MANIFEST.MF* 檔案：

```
helloworld.jar
├── META-INF
│   └── MANIFEST.MF
├── com
│   └── javamodularity
│       └── helloworld
│           └── HelloWorld.class
└── module-info.class
```

模組化 JAR 檔案的名稱並不重要，這與你在編譯時，模組目錄的名稱的情況不同。你可以使用任何你喜歡的檔名，因為模組是用 *module-info.class* 裡面宣告的名稱來辨識的。

執行模組

我們來回顧目前為止做過的事情。在 Modular Hello World 範例的一開始，我們使用一個 *HelloWorld.java* 原始檔與一個模組描述項來建立一個 helloworld 模組。接著我們將模組編譯成展開模組格式。最後，我們將展開模組包裝成模組化 JAR 檔案。這個 JAR 檔案裡面有已編譯的類別與模組描述項，並且知道要被執行的主類別。

接著我們來試著執行模組。展開模組格式與模組化 JAR 檔案都是可以被執行的。你可以用以下的命令來啟動展開模組格式：

```
$ java --module-path out \
       --module helloworld/com.javamodularity.helloworld.HelloWorld
Hello Modular World!
```

 你也可以使用短版的 -p 旗標來取代 --module-path。--module 旗標可簡化為 -m。

除了處理採用類別路徑的應用程式之外，為了處理模組，java 命令也加入一些新旗標。留意我們將 *out* 目錄（含有展開的 helloworld 模組）放在模組路徑上。模組路徑是原本的類別路徑在模組系統的對應項目。

接下來,我們提供與 --module 旗標一起執行的模組。在這裡,它包含模組名稱,之後有個斜線,接著是要執行的類別。另一方面,如果我們要執行模組化 JAR,提供以下的模組名稱就夠了:

```
$ java --module-path mods --module helloworld
Hello Modular World!
```

這是可行的,因為模組化 JAR 可從它的詮釋資料得知要執行的類別。我們在建構模組化 JAR 時,已明確地將 com.javamodularity.helloworld.HelloWorld 設為進入點了。

> 你一定要將 --module 或 -m 與對應的模組名稱(和選擇性的主類別)放在最後。之後的任何引數都會被傳給要從指定的模組啟動的主類別。

採用這兩種方式來啟動,都會讓 helloworld 成為執行的**根模組**。JVM 會從這個根模組開始,以模組路徑來解析執行這個根模組時需要的任何其他模組。解析模組是個遞迴程序:如果有一個被解析出來的新模組 requires 其他的模組,模組系統會自動考慮它,如第 28 頁的 "模組解析與模組路徑" 所述。

這個簡單的 helloworld 範例沒有什麼要解析的東西。你可以在 java 命令中加入 --show-module-resolution 來追蹤模組系統採取的動作:

```
$ java --show-module-resolution --limit-modules java.base \
       --module-path mods --module helloworld
root helloworld file:///chapter3/helloworld/mods/helloworld.jar
Hello Modular World!
```

(加入 --limit-modules java.base 旗標是為了防止解析以服務來綁定的其他平台模組。下一章會討論服務綁定。)

在這裡,執行 helloworld 不需 require 其他的模組(除了潛在 require 平台模組 java.base 之外)。模組解析的輸出只有顯示根模組 helloworld。這代表 Modular Hello World 範例在執行期只與兩個模組有關:helloworld 與 java.base。其他的平台模組,或模組路徑上的模組,都沒有被解析。在載入類別期間,我們不會浪費任何資源在搜尋與這個應用程式無關的類別上。

你可以使用 -Xlog:module=debug 來顯示更多與模組解析的相關診斷資訊。
以 -X 開頭的選項不是標準的，可能無法被不採用 OpenJDK 的 Java 實作
支援。

如果你執行 helloworld 時需要其他的模組，但它不在模組路徑上（或部分的 JDK 平台
模組），啟動時會出現錯誤。與舊的類別路徑相較之下，這種可靠的配置是一個巨大改
善。在模組系統出現之前，缺少的依賴關係只會在 JVM 在執行期試著載入不存在的類
別時被發現。模組解析可使用模組描述項內的明確依賴資訊，確保在執行任何程式之前
有個可工作的模組配置。

模組路徑

雖然模組路徑聽起來很像類別路徑，但是它們的行為不同。模組路徑是一串前往個別
模組以及含有模組的目錄的路徑。模組路徑上的每一個目錄都可以容納零或多個模組定
義，而模組定義可能是展開模組或模組化的 JAR 檔案。以下是含有全部三種案例的模
組路徑範例：out/:myexplodedmodule/:mypackagedmodule.jar。在 *out* 目錄內的所有模組
都在模組路徑上，連同模組 myexplodedmodule（目錄）與 mypackagedmodule（模組化 JAR
檔案）。

在模組路徑的各個項目是用各種平台預設的分隔符號來分隔的。在 Linux/
macOS 上，它是冒號（java -p dir1:dir2），Windows 則使用分號（java
-p dir1;dir2）。-p 旗標是 --module-path 的簡寫。

最重要的是，模組路徑上的所有成品都有模組描述項（可能是即時合成的，第 174 頁的
"自動模組" 將會介紹）。解析器會根據這個資訊，在模組路徑上尋找正確的模組。如
果在模組路徑上的同一個目錄內有多個名稱相同的模組，解析器會顯示錯誤，且不會啟
動應用程式。同樣的，這可避免以前在類別路徑上有互相衝突的 JAR 檔案的情況。

若是在模組路徑的不同目錄中有多個名稱相同的模組，則不會產生問題。
此時，第一個模組會被選取，名稱相同的其他模組會被忽略。

連結模組

你已經在上一節看到，模組系統只解析兩個模組：helloworld 與 java.base。若是我們可以利用這種公開的知識，建立特殊的 Java runtime 版本，裡面只有執行應用程式所需的最少資源，不是很棒的事情嗎？這就是你可以使用 Java 9 的自訂 *runtime* 映像來做的事情。

Java 9 在編譯階段與執行階段之間加入一種選擇性的連結階段。你可以使用一種稱為 jlink 的新工具來建立一個 runtime 映像，裡面只有執行應用程式必備的模組。我們可以使用以下的命令來建立一個以 helloworld 為根模組的新 runtime 映像：

```
$ jlink --module-path mods/:$JAVA_HOME/jmods \
        --add-modules helloworld \
        --launcher hello=helloworld \
        --output helloworld-image
```

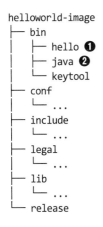

> jlink 工具位於 JDK 設施的 *bin* 目錄中。它並未被預設加入系統路徑，所以如果你要像上例一樣使用它，就必須先將它加到路徑上。

第一個選項會建構一個模組路徑，裡面有 *mods* 目錄（存放 helloworld 的地方）與一個 JDK 版本的目錄，這個版本含有我們想要連入映像的平台模組。你必須明確地將平台模組加入 jlink 模組路徑，這一點與 javac 和 java 不同。接著，--add-modules 指出 helloworld 是根模組，在 runtime 映像中必須是可執行的。我們使用 --launcher 來定義一個直接執行映像內的模組的進入點。最後，--output 指出 runtime 映像的目錄名稱。

執行這個命令會產生一個新的目錄，裡面有個完全為了執行 helloworld 而量身訂做的 Java runtime：

```
helloworld-image
├── bin
│   ├── hello ❶
│   ├── java ❷
│   └── keytool
├── conf
│   └── ...
├── include
│   └── ...
├── legal
│   └── ...
├── lib
│   └── ...
└── release
```

❶ 可執行腳本，可直接啟動 helloworld 模組

❷ Java runtime，只會解析 helloworld 與它的依賴關係

因為解析器知道 java.base 是唯一需要加入 helloworld 的東西，所以不會將其他東西加入 runtime 映像。因此，產生的 runtime 映像比整個 JDK 小好幾倍。自訂的 runtime 映像可以在資源有限的設備上使用，或當成容器映像的基礎，來執行在雲端的應用程式。連結是選擇性的，但是可以大大減少你的應用程式佔用的空間。第 13 章會更深入討論自訂 runtime 映像的優點與 jlink 的用法。

模組都不是一座孤島

到目前為止，我們故意讓事物保持簡單，來讓你瞭解建立模組的機制與相關的工具。但是，真正神奇的事情會在你組合多個模組時發生，唯有此時，你才可以清楚地看到模組系統的優點。

擴展 Modular Hello World 範例是很無聊的事情。因此，我們要舉一個更有趣的應用程式範例，稱為 *EasyText*。我們會從一個龐大的模組開始做起，逐漸地建立一個多模組應用程式。EasyText 或許不像典型的企業應用程式那麼大（幸好），但它牽涉夠多的真實世界考量，所以可當成一個學習工具。

EasyText 範例簡介

EasyText 是一個用來分析文字複雜度的應用程式。世上有許多應用在文字上的有趣演算法，可決定文字的複雜度。如果你想知道細節，可閱讀第 43 頁的"文字複雜度概述"。

當然，我們的焦點不是文字分析演算法，而是組成 EasyText 的模組組合。我們的目標是使用 Java 模組來建立彈性且可維護的應用程式。以下是我們希望透過 EasyText 的模組作品來實現的需求：

• 它必須能夠加入新的分析演算法，且不需要修改或重新編譯既有的模組。

• 它必須能夠讓不同的前端（例如 GUI 或命令列）重複使用相同的分析邏輯。

• 它必須支援各種不同的配置，而不需要重新編譯，以及不用為每一種配置部署所有的程式碼。

這些需求當然可以不必使用模組來實現,但做起來很困難。使用 Java 模組系統可協助我們滿足這些需求。

文字複雜度概述

即使 EasyText 範例的重點是解決方案的結構,但是在過程中,如果能夠多學一些新東西也不錯。文字分析是一個歷史悠久的領域,EasyText 應用程式會對文字套用**易讀性公式**。Flesch-Kincaid 評分是最熱門的易讀性公式之一:

$$複雜度_{flesch\_kincaid} = 206.835 - 1.015\ \frac{總單字數}{總句數} - 84.6\ \frac{總音節數}{總單字數}$$

我們可以採取一種比較容易從文字中算出的衡量標準來計算分數。如果文字的分數介於 90 與 100 之間,代表它對平均 11 歲的學生而言是容易瞭解的。另一方面,介於 0 到 30 之間的文字分數最適合研究所等級的學生。

此外還有許多其他的易讀性公式,例如 Coleman-Liau 與 Fry 易讀性,更不用提還有許多當地語系的公式。每一個公式都有自己的範圍,沒有一種是最好的。當然,這就是我們想要讓 EasyText 盡可能有彈性的原因之一。

我們會在這一章與之後的章節中滿足這些需求。從功能的角度來看,分析文字包括以下的步驟:

1. 讀取輸入文字(從檔案、GUI 或其他地方)。

2. 將文字拆成句子與單字(因為許多易讀性公式都使用句子或單字層級的衡量方式)。

3. 對文字執行一或多種分析。

4. 顯示結果給使用者。

最初,我們的實作只有一個模組,easytext。我們在這個起始點不需要考慮分割。這個模組內只有一個套件,這是我們很熟悉的情況,見範例 3-2。

範例 3-2　一個模組的 *EasyText*（➥ *chapter3/easytext-singlemodule*）

```
src
└── easytext
    ├── javamodularity
    │   └── easytext
    │       └── Main.java
    └── module-info.java
```

模組描述項是空的。`Main` 類別會讀取一個檔案，套用一個易讀性公式（Flesch-Kincaid），並將結果印到主控台。編譯與包裝模組之後，執行它的方式類似：

```
$ java --module-path mods -m easytext input.txt
Reading input.txt
Flesh-Kincaid: 83.42468299865723
```

顯然，這個單模組的設定並未完成我們關注的任何需求，所以我們要加入更多模組。

雙模記

在第一步，我們要將文字分析演算法與主程式分成兩個模組，這讓我們稍後使用不同的前端模組時，可重複使用分析模組。主模組會使用分析模組，如圖 3-1 所示。

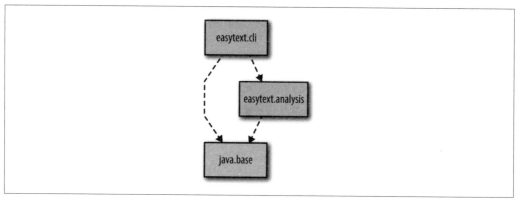

圖 3-1　有兩個模組的 EasyText

`easytext.cli` 模組含有命令列處理邏輯與檔案解析程式。`easytext.analysis` 模組含有 Flesch-Kincaid 演算法的實作。在拆開單一模組 easytext 的過程中，我們用兩個不同的套件來建立兩個新模組，見範例 3-3。

範例 3-3　有兩個模組的 *EasyText*（➡ *chapter3/easytext-twomodules*）

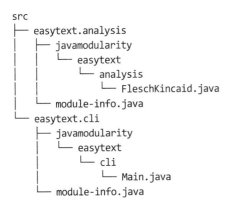

```
src
├── easytext.analysis
│   ├── javamodularity
│   │   └── easytext
│   │       └── analysis
│   │           └── FleschKincaid.java
│   └── module-info.java
└── easytext.cli
    ├── javamodularity
    │   └── easytext
    │       └── cli
    │           └── Main.java
    └── module-info.java
```

不同之處在於，現在 Main 類別會將演算法分析委派給 FleschKincaid 類別。因為我們有兩個相互依賴的模組，所以必須使用多模組模式的 javac 來編譯它們：

```
javac -d out --module-source-path src -m easytext.cli
```

從這裡開始，我們假設範例的所有模組都會一起編譯。我們用 -m 來指定要編譯的模組，而不是在編譯器的輸入中列出所有的原始檔案。在這裡，提供 easytext.cli 模組就夠了。編譯器可從模組描述項知道 easytext.cli 也需要 easytext.analysis，所以接下來也會從模組來源路徑編譯它。你也可以像 Hello World 範例一樣直接提供所有原始檔案[1]（而不是使用 -m）。

--module-source-path 旗標可讓 javac 知道，在編譯過程中，該去哪裡尋找來源格式內的其他模組。當你在多模組模式下編譯時，一定要用 –d 來提供目標目錄。編譯後，目標目錄裡面會有展開模組格式的已編譯模組。接著，當我們執行模組時，可將這個輸出目錄當成模組路徑上的元素來使用。

在這個範例中，javac 會在編譯 *Main.java* 時，在模組來源路徑上尋找 *FleschKincaid.java*。但是編譯器如何知道應該要在 easytext.analysis 模組內尋找這個類別？在使用舊的類別路徑的情況下，它可能會在編譯類別路徑的任何 JAR 裡面。請記得，類別路徑是簡單的型態串列。但是模組路徑並非如此，它只處理模組。當然，遺漏的拼圖就在模組描述項的內容裡面。它們提供必要的資訊來協助找到將套件匯出的模組。我們再也不需要漫無目的地掃描所有可用的類別來找出它們住在哪裡。

1　在 Linux/macOS 系統中，你可以輕鬆地將 $(find . -name '*.java') 當成編譯器的最後一個引數來做這件事。

為了讓範例工作，我們必須表達圖 3-1 的依賴關係。分析模組必須匯出含有
FleschKincaid 類別的套件：

```
module easytext.analysis {
    exports javamodularity.easytext.analysis;
}
```

我們使用 exports 關鍵字來將模組內的套件匯出，讓其他模組可以使用。藉由宣告匯出
javamodularity.easytext.analysis 套件，其他的模組就可以使用它的所有公用型態了。
一個模組可以匯出多個套件。這個範例只將 FleschKincaid 類別匯給其他的模組。相較
之下，在模組內所有未被匯出的套件都是模組私用的。

你已經看到分析模組如何匯出含有 FleschKincaid 類別的套件了。另一方面，easytext.
cli 的模組描述項必須表達它與分析模組的關係：

```
module easytext.cli {
    requires easytext.analysis;
}
```

我們 require easytext.analysis 模組的原因是 Main 類別會匯入來自該模組的
FleschKincaid 類別。完成這兩個模組描述項之後，我們就可以編譯與執行程式了。

如果我們省略模組描述項裡面的 requires 陳述式會發生什麼事情？在這個範例中，編譯
器會產生以下的錯誤：

```
src/easytext.cli/javamodularity/easytext/cli/Main.java:11:
  error: package javamodularity.easytext.analysis is not visible
import javamodularity.easytext.analysis.FleschKincaid;
                     ^
  (package javamodularity.easytext.analysis is declared in module
  easytext.analysis, but module easytext.cli does not read it)
```

雖然編譯器仍然可以使用 *FleschKincaid.java* 原始檔（假設我們用 -m easytext.
analysis,easytext.cli 來補償遺漏的 requires easytext.analysis），它仍然會丟出這個
錯誤。當我們在分析模組的描述項內忽略 exports 陳述式時，也會產生類似的錯誤。
我們可以從這裡看到在軟體開發的每一個步驟釐清依賴關係的優點。模組只能使用它
requires 的東西，而編譯器會強制執行這件事。在執行期，解析器會在開始執行應用程
式之前，使用同樣的資訊來確保具備所有模組。我們再也不會在編譯期意外與程式庫產
生依賴關係，只會在執行期發現程式庫無法在類別路徑上找到。

模組系統強制執行的另一項檢查是循環依賴關係。在上一章,你已經知道模組間的可讀
性關係在編譯期必須是非循環的。在模組中,你仍然可以與往常一樣建立類別間的循
環關係。從軟體工程的觀點來看,是否需要這麼做是有待討論的,但你可以做這件事。
但是,在模組層級上,你沒有選擇。模組間的依賴關係必須形成一張非循環、直向的圖
表,而在不同的模組的類別之間永遠不會有循環的依賴關係。編譯器不會接受你加入的
循環依賴關係。在分析模組描述項中加入 requires easytext.cli 會產生循環,見圖 3-2。

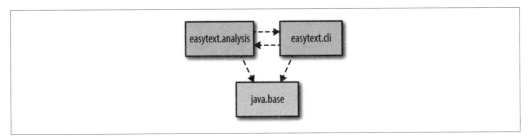

圖 3-2　EasyText 模組有一個不合法的循環依賴關係

當你試著編譯它時,會得到以下的錯誤:

```
src/easytext.analysis/module-info.java:3:
   error: cyclic dependence involving easytext.cli
   requires easytext.cli;
            ^
```

注意,循環也可能是間接的,見圖 3-3。這種情況在實務上比較不明顯,但它們會被視
為直接循環,會讓 Java 模組系統發出錯誤。

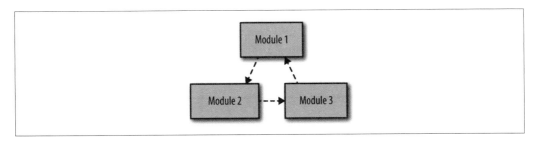

圖 3-3　循環也可能是間接的

許多真實世界的應用程式的組件間都有循環依賴關係。我們會在第 96 頁的 "拆開循
環" 討論如何避免應用程式模組圖裡面的循環,以及如何拆開它。

使用平台模組

平台模組附有 Java runtime，提供的功能包括 XML 解析器、GUI 工具組，與你認為會在標準程式庫中看到的其他功能。你已經在圖 2-1 看到平台模組的子集合了。從開發者的觀點來看，它們的行為與應用模組一樣。平台模組會封裝程式、匯出套件，也可能與其他的（平台）模組有依賴關係。使用模組化 JDK，意味著你必須留意你的應用模組中使用了哪些平台模組。

在這一節，我們會用一些新模組來擴展 EasyText 應用程式，它將會使用平台模組，這種模組與我們到目前為止建立的模組不同。技術上，我們已經用過一種平台模組了：java.base 模組。但是，它是潛在的依賴關係。我們即將建立的新模組，會與其他的平台模組有明確的依賴關係。

尋找正確的平台模組

如果你需要瞭解你要使用的平台模組，該如何知道有哪些平台模組可用？當你知道（平台）模組的名稱時，才可以建立與它的依賴關係。當你執行 java --list-modules 時，runtime 會輸出所有可用的平台模組：

```
$ java --list-modules
java.base@9
java.xml@9
javafx.base@9
jdk.compiler@9
jdk.management@9
```

這個精簡後的輸出展示幾種類型的平台模組。以 java. 開頭的平台模組屬於 Java SE 規格。它們會匯出通過 Java SE 的 Java Community Process 標準化的 API。JavaFX API 是以開頭為 javafx. 的模組來發布的。開頭為 jdk. 的模組裡面有 JDK 專屬程式，它可能會隨著 JDK 實作而不同。

雖然 --list-modules 功能是在探索平台模組時很好的起點，但你需要更多東西。當你匯入一個非 java.base 匯出的套件時，必須知道究竟是哪個平台模組提供這個套件。你必須在 *module-info.java* 內，用 requires 子句將那個模組加入。因此，我們再看一下範例應用程式，來瞭解如何使用平台模組。

建立 GUI 模組

到目前為止，EasyText 有兩個合作的應用模組。我們已經將命令列主應用程式與分析邏輯分開了。根據需求，我們希望在同樣的分析邏輯之上支援多種前端，所以接下來要試著在命令列版本加入一個 GUI 前端。顯然，它應該重複使用已經存在的分析模組。

我們會使用 JavaFX 來為 EasyText 建立一個適當的 GUI。JavaFX GUI 框架在 Java 8 就已經加入 Java 平台，它意圖取代較舊的 Swing 框架。圖 3-4 是這個 GUI 的外觀。

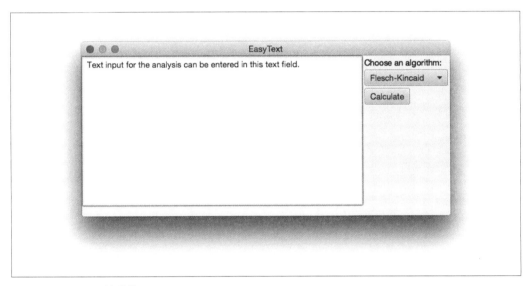

圖 3-4　EasyText 簡單的 GUI

當你按下 Calculate 時，程式會對文字欄位內的文字執行分析邏輯，並在 GUI 顯示結果值。目前我們只能在下拉式選單中選擇一種分析演算法，但是考慮到擴充需求，我們之後會修改這個部分。目前我們先保持簡單，假設 Flesch-Kincaid 分析是唯一可用的演算法。GUI Main 類別的程式相當簡單，見範例 3-4。

範例 3-4　*EasyText GUI 實作*（➥ *chapter3/easytext-threemodules*）

```
package javamodularity.easytext.gui;

import java.util.ArrayList;
import java.util.List;

import javafx.application.Application;
import javafx.event.*;
```

```
import javafx.geometry.*;
import javafx.scene.*;
import javafx.scene.control.*;
import javafx.scene.layout.*;
import javafx.scene.text.Text;
import javafx.stage.Stage;

import javamodularity.easytext.analysis.FleschKincaid;

public class Main extends Application {

    private static ComboBox<String> algorithm;
    private static TextArea input;
    private static Text output;

    public static void main(String[] args) {
        Application.launch(args);
    }

    @Override
    public void start(Stage primaryStage) {
        primaryStage.setTitle("EasyText");
        Button btn = new Button();
        btn.setText("Calculate");
        btn.setOnAction(event ->
          output.setText(analyze(input.getText(), (String) algorithm.getValue()))
        );

        VBox vbox = new VBox();
        vbox.setPadding(new Insets(3));
        vbox.setSpacing(3);
        Text title = new Text("Choose an algorithm:");
        algorithm = new ComboBox<>();
        algorithm.getItems().add("Flesch-Kincaid");

        vbox.getChildren().add(title);
        vbox.getChildren().add(algorithm);
        vbox.getChildren().add(btn);

        input = new TextArea();
        output = new Text();
        BorderPane pane = new BorderPane();
        pane.setRight(vbox);
        pane.setCenter(input);
        pane.setBottom(output);
        primaryStage.setScene(new Scene(pane, 300, 250));
        primaryStage.show();
```

```
    }

    private String analyze(String input, String algorithm) {
        List<List<String>> sentences = toSentences(input);

        return "Flesch-Kincaid: " + new FleschKincaid().analyze(sentences);
    }
    // 省略 toSentences() 的實作
}
```

Main 類別會匯入八個 JavaFX 套件。我們如何在 *module-info.java* 內知道要 require 哪些平台模組？要找出套件住在哪個模組裡面，其中一種方法是透過 JavaDoc。Java 9 已更新 JavaDoc，加入每一個型態所屬的模組名稱了。

另一種做法是使用 java --list-modules 來檢視可用的 JavaFX 模組。執行這個命令之後，我們可以看到八個名稱中有 javafx 的模組：

```
javafx.base@9
javafx.controls@9
javafx.deploy@9
javafx.fxml@9
javafx.graphics@9
javafx.media@9
javafx.swing@9
javafx.web@9
```

因為模組名稱與它的套件之間不一定有一對一的關係，在這個清單中選擇正確的模組有點像猜謎遊戲。你可以使用 --describe-module 來檢視平台模組的模組宣告式，來確認猜測的結果。例如，如果我們認為 javafx.controls 可能含有 javafx.scene.control 套件，可以用以下的方式來確認：

```
$ java --describe-module javafx.controls
javafx.controls@9
exports javafx.scene.chart
exports javafx.scene.control ❶
exports javafx.scene.control.cell
exports javafx.scene.control.skin
requires javafx.base transitive
requires javafx.graphics transitive
...
```

❶ 模組 javafx.controls 匯出 javafx.scene.control 套件。

我們想要的套件確實位於這個模組內。用這種手動的方式來尋找正確的平台模組有點麻煩。我們預計在 Java 9 的支援到位之後，將會有 IDE 可協助開發者。對 EasyText GUI 而言，我們必須 require 兩個 JavaFX 平台模組：

```
module easytext.gui {
    requires javafx.graphics;
    requires javafx.controls;
    requires easytext.analysis;
}
```

提供這個模組描述項之後，GUI 模組就可以正確地編譯了。但是，當你試著執行它時，會出現以下這些奇怪的錯誤：

```
Exception in Application constructor
Exception in thread "main" java.lang.reflect.InvocationTargetException
        ...
Caused by: java.lang.RuntimeException: Unable to construct Application instance:
           class javamodularity.easytext.gui.Main
  at javafx.graphics/..LauncherImpl.launchApplication1(LauncherImpl.java:963)
  at javafx.graphics/..LauncherImpl.lambda$launchApplication$2(LauncherImpl.java)
  at java.base/java.lang.Thread.run(Thread.java:844)
Caused by: java.lang.IllegalAccessException: class ..application.LauncherImpl
           (in module javafx.graphics) cannot access class
                               javamodularity.easytext.gui.Main
           (in module easytext.gui) because module easytext.gui does not export
           javamodularity.easytext.gui to module javafx.graphics
  at java.base/..Reflection.newIllegalAccessException(Reflection.java:361)
  at java.base/..AccessibleObject.checkAccess(AccessibleObject.java:589)
```

 Java 9 的另一個改變是，現在堆疊追蹤（stacktraces）也會顯示類別來自哪一個模組。在斜線（/）前面的名稱是含有斜線後面的類別的模組。

發生什麼事情？錯誤的根本原因是無法載入 Main 造成的 IllegalAccessException。Main extends javafx.application.Application（它位於 javafx.graphics 模組內），並從主方法呼叫 Application::launch。這是典型的 JavaFX 應用程式啟動方式，會將建立 UI 的工作委派給 JavaFX 框架。接著 JavaFX 使用反射來實例化 Main，隨後呼叫 start 方法。這代表 javafx.graphics 模組必須能夠使用 easytext.gui 裡面的 Main 類別。你已經在第 22 頁的 "可操作性" 學到，要操作另一個模組的類別有兩個前提：能夠讀取目標模組，以及目標模組必須匯出指定的類別。

在這個案例中，javafx.graphics 對 easytext.gui 必須有可讀關係。幸運的是，模組系統夠聰明，可動態建立對 GUI 模組的可讀關係。當你用反射來從其他模組載入類別時，會明顯地發生這種情況。問題在於，含有 Main 的套件沒有被 GUI 模組公開。javafx.graphics 模組無法操作 Main，因為它沒有被匯出。這就是上述的錯誤訊息告訴我們的事情。

其中一種解決方式，就是在模組描述項為 javamodularity.easytext.gui 套件加入一個 exports 子句。唯有如此，才可以將 Main 類別公開給任何需要 GUI 模組的模組。但這真的是我們要的結果嗎？Main 類別真的是我們想要提供的公用 API 之一嗎？不是，我們想要讓它成為可操作的唯一理由是 JavaFX 需要將它實例化。此時就是使用限定匯出的最佳時機：

```
module easytext.gui {

    exports javamodularity.easytext.gui to javafx.graphics;

    requires javafx.graphics;
    requires javafx.controls;
    requires easytext.analysis;
}
```

在編譯期間，被限定匯出的模組必須位於模組路徑上，或在同一時間被編譯。顯然平台模組不會有這種問題，但當你限定匯出到非平台模組時，必須注意這件事情。

透過限定匯出，只有 javafx.graphics 可以操作我們的 Main 類別。現在我們可以執行應用程式，JavaFX 已經可以實例化 Main 了。在第 118 頁的 "開放模組與套件" 中，你會學到另一種在執行期反射操作模組內部的方式，這是在執行期出現的有趣情況。

如前所述，javax.graphics 模組會在執行期動態建立與 easytext.gui 的可讀關係（用圖 3-5 的粗線來表示）。

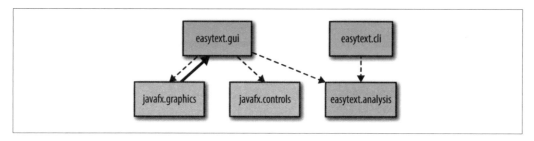

圖 3-5　執行期的可讀線

但是這意味著在可讀性圖表中有個循環！為何如此？不是絕對不能有循環嗎？那是在**編譯期**。在這裡，我們使用與 javafx.graphics 的依賴關係（因而也是與它的可讀性）來編譯 easytext.gui。在執行期，javax.graphics 會自動建立與 easytext.gui 的可讀關係，當它以反射來實例化 Main 時。可讀關係**在執行期**可以是循環的。因為匯出是限定的，只有 javafx.graphics 可以使用我們的 Main 類別。與 easytext.gui 建立可讀關係的其他模組都無法操作 javamodularity.easytext.gui 套件。

封裝的限制

回首來時路，我們在這一章已經走了一段漫長的旅途了。你已經知道如何建立模組、執行它們，並且讓它們與平台模組合作。我們的範例程式 EasyText 已經從一個**迷你單一結構**變成多模組的 Java 應用程式了。在此同時，它完成兩個之前提到的要求：它可支援多個前端，並且可以重複使用同一個分析模組，而且我們可以為使用命令列或 GUI 的模組建立不同的配置。

但是，看一下其他的需求，我們還需要改進許多地方。就現況而言，這兩個前端模組都用分析模組來實例化一個特定的實作類別（FleschKincaid）來工作。雖然程式住在不同的模組內，但它們有緊密的關係。當我們想要加入不同的分析方法來擴展應用程式時，該怎麼做？我們得改變每一個前端模組，來讓它們知道新的實作類別嗎？這聽起來就像不良的封裝。我們應該更新前端模組，加入與新增的分析模組的依賴關係嗎？這聽起來顯然不是模組化的做法，而且這種做法也與這條需求背道而馳：在加入新的分析演算法時，不需要修改或重新編譯既有的模組。圖 3-6 展示當我們有兩個前端與兩種分析法時的混亂程度。（Coleman-Liau 是另一種著名的複雜度量法。）

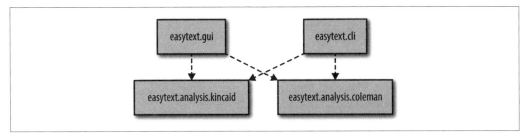

圖 3-6　每一個前端模組都必須依賴所有的分析模組，來實例化它們匯出的實作類別

總之，我們有兩個問題需要解決：

- 我們必須讓前端與具體的分析實作型態與模組沒有任何關聯性。分析模組也不應該匯出這些型態，以避免緊密的關聯性。

- 前端必須能夠在不改變任何程式的情況下，在新模組中**發現**新的分析實作。

解決這兩個問題，我們才可以在不變更前端的情況下，將新的分析方法加到模組路徑上。

介面與實例化

理想情況下，我們會將介面背後的各種分析抽象化。畢竟，我們只是傳入句子，並取回每一種演算法算出的分數：

```
public interface Analyzer {

    String getName();

    double analyze(List<List<String>> text);

}
```

只要我們可以取得演算法的名稱（用來顯示），並且讓它計算複雜度就可以了。這種抽象就是製作介面的目的。Analyzer 介面很穩定，也可以待在它自己的模組，也就是 easytext.analysis.api，它就是前端模組應該知道並且關心的東西。接著分析實作模組也可以 require 這個 API 模組，並實作 Analyzer 介面，目前為止一切都很好。

但是這裡有一個問題。雖然前端模組只需要透過 Analyzer 介面來呼叫 analyze 方法，它們仍然需要一個具體的實例來呼叫這個方法：

```
Analyzer analyzer = ???
```

我們該如何在不依靠特定的實作類別的情況下，接觸實作了 **Analyzer** 的實例？你可以這樣寫：

```
Analyzer analyzer = new FleschKincaid();
```

不幸的是，**FleschKincaid** 類別仍然需要被匯出，這行才可以工作，這讓我們又回到原點。我們需要一種替代方案，在不提到具體的實作類別的情況下取得實例。

正如同電腦科學的所有問題，我們可以加入一個新的間接層來解決它。我們會在下一章說明這個問題的解決方式，詳細介紹工廠模式，以及它如何提供服務。

第四章

服務

在這一章，你將會學到如何使用**服務**（*services*），一種建立模組化基礎程式的重要功能。在學會提供與使用服務的基本概念之後，我們會將它們應用在 EasyText，讓它更具可擴充性。

工廠模式

在上一章，你已經看過，當我們想要建立真正解耦的模組時，只靠封裝並無法帶來太大的幫助。如果我們每次需要使用實作類別時，仍然編寫

```
MyInterface i = new MyImpl();
```

就代表那個實作類別必須被匯出。因此，程式實作的供應方與使用方之間，仍然有強力的關聯性：使用方要直接 require 供應方模組，來使用它匯出的實作類別。在實作中進行的改變會直接影響所有的使用方。你將會看到，服務是處理這種問題的方式之一。但是在深入討論服務之前，我們來瞭解一下，我們是否可以根據目前為止知道的模組系統知識，使用既有的模式來修正這個問題。

工廠模式是一種著名的**創造型設計模式**，它似乎可以解決我們的問題。它的目標是移除物件的使用方與特定類別的實例化之間的關聯性。自從工廠方法第一次出現在 Gamma 等四人幫的經典書籍《*Design Patterns*》（Addison-Wesley）之後，世面上就出現各種不同的工廠模式。我們來試著實作一個這種模式的簡單版本，看看它可以協助我們將模組解耦到哪個程度。

我們會再次使用 EasyText 應用程式，藉由實作 Analyzer 實例的工廠來說明這個範例。
取得指定演算法名稱的實作相當簡單，見範例 4-1。

範例 4-1　*Analyzer 實例的工廠類別*（ ➡ *chapter4/easytext-factory*）

```
public class AnalyzerFactory {

    public static List<String> getSupportedAnalyses() {
      return List.of(FleschKincaid.NAME, Coleman.NAME);
    }

    public static Analyzer getAnalyzer(String name) {
      switch (name) {
        case FleschKincaid.NAME: return new FleschKincaid();
        case Coleman.NAME: return new Coleman();
        default: throw new IllegalArgumentException("No such analyzer!");
      }
    }

}
```

你可以從工廠取得一串它支援的演算法，以及用演算法名稱來要求一個 Analyzer 實例。
現在 AnalyzerFactory 的呼叫方可無視 analyzer 底層的實作類別。

但是我們要將這個工廠放在哪裡？首先，工廠本身仍然需要操作多個分析模組來使用它
們的實作類別，否則就無法在 getAnalyzer 中實例化各種實作類別。我們可以將工廠放
在 API 模組內，但是如此一來，API 模組就會與所有的實作模組有編譯期依賴關係，這
是我們無法接受的情況，API 不應該與它的實作有緊密的關聯性。

我們現在將工廠放在它自己的模組內，見圖 4-1。

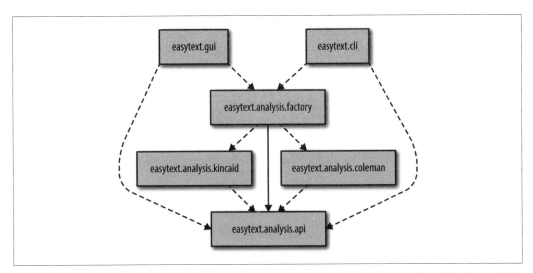

圖 4-1 工廠模組解開前端與分析實作模組之間的關聯性。從前端模組到分析實作模組之間，沒有 requires 關係

現在，前端模組只知道 API 與工廠：

```
module easytext.cli {
    requires easytext.analysis.api;
    requires easytext.analysis.factory;
}
```

取得 Analyzer 實例變得很簡單：

```
Analyzer analyzer = AnalyzerFactory.getAnalyzer("Flesch-Kincaid");
```

除了變複雜度之外，我們有從這個工廠做法得到任何好處嗎？

一方面，有，現在前端模組可以不用注意分析模組與實作類別。在分析的使用方與供應方之間再也沒有直接的 requires 關係了。前端模組可以獨立在分析實作模組之外單獨編譯。當工廠提供額外的分析時，你不需要修改前端就可以開心地使用它們。（請記得，藉由 AnalyzerFactory::getSupportedAnalyses，它們可以找到演算法名稱來請求實例。）

另一方面，工廠模組層與它以下的階層仍然存在同樣的緊密關聯性問題。當一個新的分析模組被加入時，工廠必須與它建立關係，並擴展 getAnalyzer 實作。而且分析模組仍然需要匯出它們的實作類別來讓工廠使用，它們可以藉由對工廠模組做限定匯出（見第 28 頁的 "限定匯出"）來做這件事，以限制曝光的範圍。但是這種做法的前提是分析模組知道工廠模組，而這是另一種我們不想要的耦合型式。

所以工廠模式只能提供部分的解決方案。我們只能透過 requires 與 exports 來用模組做事，這是一種限制。用介面來寫程式很好，但我們必須犧牲封裝來建立實例。幸運的是，Java 模組系統提供一個解決方案。在下一節，我們要來討論服務如何解決這個難題。

依賴注入

許多 Java 應用程式都使用**依賴注入**（*dependency injection*）（DI）框架來解決"用介面編寫程式，避免與實作類別有緊密的關係"的問題。DI 框架負責根據註釋或（較傳統的）XML 描述項等詮釋資料來建立實作實例。接著 DI 框架會根據你定義的介面來將實例注入程式。這個原則通常稱為**控制反轉**（*Inversion of Control*）（IoC），因為實例化的是框架控制類別，而不是應用程式碼本身。

DI 是解耦程式碼的優良方式，但是在模組的環境中，有一些需要注意的地方。這一章要談的重點是在模組系統中，以服務的形式來解耦的解決方案。服務可透過依賴注入之外的手段來提供 IoC。稍後，在第 121 頁的 "依賴注入"，你會看到如何結合 DI 框架模組，以另一種方式來達成同一個等級的解耦。

隱藏實作的服務

我們之前試著使用工廠模式來隱藏實作類別，但只成功一部分。主要的問題在於，工廠仍然必須在編譯期知道所有可用的實作，且實作類別必須被匯出。"掃描類別路徑來發現實作"這類的傳統解決方案無法解決這個問題，因為這種做法仍然必須讀取所有模組中的所有實作類別。我們仍然無法在不改變程式碼，以及重新編譯的情況下擴展應用程式，加入其他的實作（就 EasyText 案例而言是新的演算法）。這聽起來完全不像無縫地擴展！

我們可以用 Java 模組系統的服務機制來大幅改善解耦問題。使用服務後，我們可以真正只分享公用介面，並且在未被匯出的套件中強力封裝實作程式碼。記住，在模組系統中使用服務完全是選擇性的，不像強力封裝（明確的使用 exports）與明確的依賴關係（使用 requires）。你不一定要使用服務，但它們提供一種令人滿意的方式來將模組解耦。

服務是用模組描述項以及在程式碼中藉由使用 Service Loader API 來表達的。因此，服務的使用是侵入性的：你必須設計你的應用程式才能使用它們。在第 60 頁的 "依賴注入" 談過，除了使用服務之外，還有其他的方式可以做到控制反轉。你將會從本章其餘的部分知道服務如何提供較好的解耦與擴展性。

我們將要改寫 EasyText 應用程式來開始使用服務。我們的目標是讓多個模組提供分析實作。在編譯期，前端模組可以在不知道供應方模組的情況下使用這些分析實作。

提供服務

如果不使用模組系統提供的特殊支援，我們就不可能在不匯出實作類別的情況下公開服務實作給其他的模組。Java 模組系統可讓你在 *module-info.java* 中加入提供與使用服務的宣告式。

我們已經在 EasyText 程式中定義 Analyzer 介面了，它將會是我們的服務介面型態。介面是被 easytext.analysis.api 模組匯出的，它是個 API-only 模組。

```
package javamodularity.easytext.analysis.api;

import java.util.List;

public interface Analyzer {

    String getName();

    double analyze(List<List<String>> text);

}
```

通常服務的型態是介面，如同這個案例。但是它也可以是抽象甚至具體類別，沒有任何技術限制。此外，Analyzer 型態的設計是為了讓服務的使用方直接使用的。你也可以公開一個具備類似工廠或代理程式的行為的服務型態。例如，如果 Analyzer 實例的實例化成本很高，或需要用額外的步驟或引數來做初始化，服務型態可能比較類似 AnalyzerFactory。這種做法可讓使用者更能夠控制實例化。

接著我們來改寫第一個新的 analyzer 實作，為服務供應方加入 *Coleman-Liau* 演算法（由 easytext.algorithm.coleman 模組提供）。我們只需要在 *module-info.java* 中做一個改變，見範例 4-2。

範例 *4-2* 提供 *Analyzer* 服務的模組描述項（➥ *chapter4/easytext-services*）

```
module easytext.analysis.coleman {

    requires easytext.analysis.api;

    provides javamodularity.easytext.analysis.api.Analyzer
        with javamodularity.easytext.analysis.coleman.ColemanAnalyzer;

}
```

我們用 *provides with* 語法宣告這個模組以 ColemanAnalyzer 作為實作類別，來提供 Analyzer 介面的實作。服務型態（在 provides 後面）與實作類別（在 with 後面）都必須使用完整的型態名稱。最重要是，這個供應模組不會將含有 ColemanAnalyzer 實作類別的套件匯出。

這個結構唯有在宣告 provides 的模組可操作服務型態與實作類別時才可以工作。通常這代表介面（也就是這個範例的 Analyzer）屬於模組，或者是從你 require 的另一個模組匯出的。實作類別通常是供應方模組的一部分，位於一個被封裝（沒有被匯出）的套件中。

當你在 provides 子句中使用不存在或不可讀取的型態時，模組描述項將無法編譯，並且會產生編譯錯誤。在宣告式的 with 部分中使用的實作類別通常不會被匯出。畢竟，隱藏實作細節是服務的唯一目的。

你不需要為了將服務型態或實作類別作為服務來提供，而對它們做任何修改。除了這個 *module-info.java* 宣告之外，你不需要做任何事情。服務實作是一般的 Java 類別。你不需要使用特殊的註釋，也不需要實作 API。

服務可讓模組提供實作給其他模組，而不需要匯出具體的實作類別。模組系統有特殊的權限可代表使用方接觸供應方模組，來實例化未被匯出的實作類別。這代表服務的使用方可以使用這個實作類別的實例，而不需要直接讀取它。此外，服務使用方不知道究竟是由哪個模組提供實作，也不需要知道。因為供應方與使用方之間唯一共用的型態是服務型態（通常是介面），所以它們有真正的解耦。

我們已經提供第一個服務了，接下來可以對其他的 Analyzer 實作重複進行這個程序。我們已經完成一半的進度了。同樣的，請注意，這些提供服務的模組並未匯出任何套件。讓模組不做匯出乍看之下可能有點違反直覺。儘管如此，這些分析實作模組在執行期透過服務機制貢獻了實用的功能，並在編譯期將它們的實作細節封裝起來。

另外一半的程式改寫工作是使用服務。我們來改寫 CLI 模組來使用 Analyzer 服務。

使用服務

可讓其他的模組使用服務時，提供服務才有意義。在 Java 模組系統中使用服務需要兩個步驟。第一個步驟是在 CLI 模組的 *module-info.java* 加入 uses 子句：

```
module easytext.cli {
    requires easytext.analysis.api;

    uses javamodularity.easytext.analysis.api.Analyzer;
}
```

你很快就會看到，uses 子句可告知 ServiceLoader 這個模組想要使用 Analyzer 的實作。接著 ServiceLoader 會讓模組可以使用 Analyzer 實例。

uses 子句不會在編譯期要求使用 Analyzer 實作。畢竟，服務實作也可能是編譯期不在模組路徑上的模組提供的。服務可提供擴充性的原因，是因為我們只會在執行期尋找供應方與使用方。找不到服務供應方不會讓編譯失敗。另一方面，服務型態（Analyzer）必須是在編譯期可操作的，因此在模組描述項有 requires easytext.analysis.api 子句。

uses 子句也不保證在執行期會有供應方。應用程式會在沒有任何服務供應方的情況下成功啟動。也就是說，在執行期，可能會有零個或多個供應方可用，我們的程式必須處理這種情況。

現在模組已經宣告它想要使用 Analyzer 實作了，接著我們要開始編寫使用服務程式。使用服務是透過 ServiceLoader API 來實現的。ServiceLoader API 本身從 Java 6 就已經存在了。雖然 JDK 廣泛使用它，但知道或使用 ServiceLoader 的 Java 開發者很少。你可以在第 65 頁的 "Java 9 之前的 ServiceLoader" 瞭解更多的歷史背景。

在 Java 模組系統中，ServiceLoader API 會與模組一起使用，當你使用 Java 模組系統時，它是一種重要的程式設計結構。我們來看個範例，見範例 4-3。

範例 4-3　*Main.java*

```
Iterable<Analyzer> analyzers = ServiceLoader.load(Analyzer.class); ❶

for (Analyzer analyzer: analyzers) { ❷
    System.out.println(analyzer.getName() + ": " + analyzer.analyze(sentences));
}
```

❶ 為服務型態 Analyzer 初始化 ServiceLoader。

❷ 迭代實例，並呼叫 analyze 方法。

ServiceLoader::load 方法會回傳一個 ServiceLoader 實例，它也很方便地實作 Iterable。
當你像範例一樣迭代它時，Java 會為你請求的 Analyzer 介面所發現的所有供應方型態建
立實例。注意，我們在這裡只得到實際的實例，沒有額外的資訊說明究竟是哪些模組提
供它們。

迭代服務之後，我們可以像任何其他 Java 物件一樣使用它們。事實上，它們是一般的
Java 物件，只不過它們是 ServiceLoader 為我們實例化的。因為它們是一般的 Java 實
例，在呼叫服務時，我們不用付出額外的成本。呼叫服務的方式只是直接呼叫方法；沒
有代理程式，或是會降低效能的其他間接項目。

做了這些改變之後，我們已經將 EasyText 程式從部分解耦的工廠結構改成完全模組化，
而且可擴展的設置，如圖 4-2 所示。

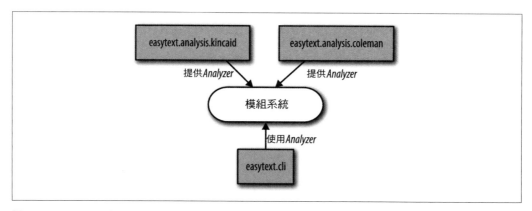

圖 4-2　EasyText 的結構，使用 ServiceLoader 來增加擴展性

因為 CLI 模組完全不需要知道任何關於提供 Analyzer 實作的模組的資訊，所以程式
已經完全解耦了。這個應用程式很容易擴展，因為我們可以在模組路徑上直接加入新
的供應模組來加入新的 Analyzer 實作。這些額外的模組提供的任何實作都可透過發現
ServiceLoader 服務來自動取得。我們不需要改寫程式或重新編譯。我們可以說，最棒的
地方是程式很簡潔。使用服務來設計程式與編寫一般的 Java 程式一樣簡單（因為**它就
是一般的 Java 程式**），但是它對結構與設計的影響是相當正面的。

Java 9 之前的 ServiceLoader

ServiceLoader 在 Java 6 就已經存在了。它的設計，是為了讓 Java 更加可插入（pluggable），它也被用在 JDK 的許多地方。它在應用程式開發領域從未被廣泛使用，不過除了 JDK 本身之外，也有一些框架與程式庫都依賴舊的 ServiceLoader。

原則上，ServiceLoader 與 Java 模組系統的 services 有相同的目標，但它們的機制不同，而且在模組化之前，它們無法達成真正強力的封裝。要註冊供應方，你必須在 JAR 檔案的 *META-INF* 資料夾內建立一個遵循特定命名格式的檔案。例如，要提供一個 Analyzer 實作，你必須建立一個名為 *META-INF/services/javamodularity.easytext.analysis.api.Analyzer* 的檔案。檔案的內容只有一行，指明實作類別的完整名稱，例如 javamodularity.easytext.analysis.coleman.ColemanAnalyzer。因為這些檔案只是文字檔，所以很容易就會因為編譯器無法捉到它們而產生錯誤。

在 Java 模組系統中，你也可以使用以這種 "古老" 的方式提供的服務，只要使用方模組可以操作服務型態即可。

你已經看到，服務提供一種方便的方式來實作解耦。你可以將服務當成模組開發的基石。雖然定義模組邊界的強力機制是進行模組化設計的第一步，但你也需要用服務，來建立與使用被嚴格解耦的模組。

Service 生命週期

ServiceLoader 負責建立服務的實例，所以知道它究竟如何工作是很重要的事情。在範例 4-3 中，迭代的動作會將 Analyzer 實作類別實例化。ServiceLoader 是惰性運作的，也就是說 ServiceLoader::load 呼叫式不會立刻實例化所有已知的供應方實作的類別。

每當你呼叫 ServiceLoader::load 時，就有一個新的 ServiceLoader 被實例化。之後有人請求服務時，這個新的 ServiceLoader 會再實例化供應方類別。如果你對既有的 ServiceLoader 實例請求服務，它會回傳被快取的供應方類別實例。

以下的程式展示這個情形：

```
ServiceLoader<Analyzer> first = ServiceLoader.load(Analyzer.class);
System.out.println("Using the first analyzers");
for (Analyzer analyzer: first) { ❶
  System.out.println(analyzer.hashCode());
}

Iterable<Analyzer> second = ServiceLoader.load(Analyzer.class);
System.out.println("Using the second analyzers");
for (Analyzer analyzer: second) { ❷
  System.out.println(analyzer.hashCode());
}

System.out.println("Using the first analyzers again, hashCode is the same");
for (Analyzer analyzer: first) { ❸
  System.out.println(analyzer.hashCode());
}

first.reload(); ❹
System.out.println("Reloading the first analyzers, hashCode is different");
for (Analyzer analyzer: first) {
  System.out.println(analyzer.hashCode());
}
```

❶ 迭代 first，ServiceLoader 會實例化 Analyzer 實作。

❷ 新的 ServiceLoader，second，會實例化它自己全新的 Analyzer 實作。它會回傳與 first 不一樣的實例。

❸ 再次迭代時，first 會回傳原本被實例化的服務，因為之前第一個 ServiceLoader 實例將它們暫存起來。

❹ 執行 reload 之後，原本的 first ServiceLoader 會提供全新的實例。

這段程式會產生類似以下的輸出（當然，實際的 hashCodes 會不一樣）：

```
Using the first analyzers
1379435698
Using the second analyzers
876563773
Using the first analyzers again, hashCode is the same
1379435698
Reloading the first analyzers, hashCode is different
87765719
```

因為每次呼叫 ServiceLoader::load 都會產生新的服務實例，所以使用相同服務的不同模組會有屬於它們自己的實例。當你在使用含有狀態（state）的服務時，必須記得這件事。在沒有其他限制的情況下，當你使用 ServiceLoader 來請求相同的服務型態時，它們不會共用狀態。這裡沒有所謂的服務實例單例（*singleton*），與依賴注入框架典型的情況不同。

服務 provider 方法

你可以用兩種方式來建立服務實例：讓服務實作類別有個公用的無引數建構式，或使用靜態 provider 方法。並非在所有情況下都可以讓服務實作類別有一個公用的無引數建構式。如果你需要傳送更多資訊給建構式，使用靜態的 provider 方法是最好的選擇。或者，你可能想要公開一個沒有無引數建構式的既有類別來作為服務。

provider 方法是名為 provider 的 public static 無引數方法，它的回傳型態是服務型態。它必須回傳正確型態（或子型態）的服務實例。這個方法將服務實例化的方式，完全取決於 provider 實作。它可能會將一個單例快取並回傳，或在每次被呼叫時，直接實例化一個新的服務實例。

當你使用 provider 方法時，provides .. with 子句的 with 後面指的是含有 provider 方法的類別。它很可能是服務實作類別本身，但也可能是其他的類別。在 with 後面的類別必須有 provider 方法，或公用的無引數建構式。如果該類別沒有靜態的供應者方法，它就會被假定成服務實作本身，且必須有個公用的無引數建構式。若非如此，編譯器就會發出抱怨。

我們來看一個 provider 方法範例（範例 4-4）。為了展示 provider 方法的用法，我們要在這裡使用另一個 Analyzer 實作。

範例 *4-4*　*ExampleProviderMethod.java*（➡ *chapter4/providers/provider.method.example*）

```
package javamodularity.providers.method;

import java.util.List;
import javamodularity.easytext.analysis.api.Analyzer;

public class ExampleProviderMethod implements Analyzer {

  private String name;

  ExampleProviderMethod(String name) {
    this.name = name;
```

```
  }

  @Override
  public String getName() {
    return name;
  }

  @Override
  public double analyze(List<List<String>> sentences) {
      return 0;
  }

  public static ExampleProviderMethod provider() {
    return new ExampleProviderMethod("Analyzer created by static method");
  }
}
```

這個 Analyzer 實作沒有什麼用途，不過它明確地展示 provider 方法的用法。這個範例的 *module-info.java* 與我們看過的完全相同；Java 模組系統會找出正確的方式來實例化這個類別。在這個範例中，provider 方法是實作類別的一部分。我們也可以將 provider 方法放到其他的類別，讓它扮演實作服務的工廠。範例 4-5 展示這種做法。

範例 *4-5*　*ExampleProviderFactory.java*（➡ *chapter4/providers/provider.factory.example*）

```
package javamodularity.providers.factory;

public class ExampleProviderFactory {
  public static ExampleProvider provider() {
    return new ExampleProvider("Analyzer created by factory");
  }
}
```

我們必須更改 *module-info.java* 來反應這項改變。現在 provides ..with 必須指向含有靜態 provider 方法的類別，見範例 4-6。

範例 *4-6*　*module-info.java*（➡ *chapter4/providers/provider.factory.example*）

```
module provider.factory.example {
    requires easytext.analysis.api;

    provides javamodularity.easytext.analysis.api.Analyzer
      with javamodularity.providers.factory.ExampleProviderFactory;
}
```

唯有在 provider 類別是公用的時候，ServiceLoader 才可以將服務實例化。只有 provider 類別本身必須是公用的；從我們的第二個範例可以看出，只要 provider 類別是公用的，實作就可以是讓套件私用的。

注意，在所有的案例中，被公開的服務型態 Analyzer 都保持不變。使用者完全感受不到服務被實例化的方式有何不同。靜態的 provider 方法為供應方提供更多的彈性。在多數情況下，在服務實作類別使用公用的無引數建構式就可以了。

模組系統的服務不提供關閉或註銷服務的機制。服務的終結是私下發生的，透過記憶體回收。服務實例的記憶體回收機制的行為與任何其他 Java 物件相同。一旦某個物件已經沒有任何硬參考（hard references）了，它就會被回收。

再談工廠模式

使用方模組可以透過 ServiceLoader API 來取得服務。必要的話，你可以採取一種實用的模式，來避免在使用方使用這個 API。你可以提供類似本章開頭的工廠範例的 API 給使用方。之所以可以採取這種做法，是因為從 Java 8 開始，我們就可以在介面中放入靜態方法了。

服務型態本身是用一個查詢 ServiceLoader 的靜態方法（工廠方法）來擴展的，見範例 4-7。

範例 4-7　在服務介面提供工廠方法（➡ *chapter4/easytext-services-factory*）

```
public interface Analyzer {

  String getName();

  double analyze(List<List<String>> text);

  static Iterable<Analyzer> getAnalyzers() {
    return ServiceLoader.load(Analyzer.class); ❶
  }

}
```

❶　現在查詢是在服務型態本身完成的。

因為 ServiceLoader 查詢是在 API 模組內的 Analyzer 完成的，它的模組描述項必須列出 uses 限制：

```
module easytext.analysis.api {
    exports javamodularity.easytext.analysis.api;

    uses javamodularity.easytext.analysis.api.Analyzer;
}
```

現在 API 模組會匯出介面，與使用 Analyzer 介面的實作。當使用方模組想取得 Analyzer 實作時，就不需要使用 ServiceLoader 了（當然，它們仍然可以這樣做）。使用方模組只需要請求 API 模組，並呼叫 Analyzer::getAnalyzers。從使用者的角度來看，使用方不需要使用 uses 或 ServiceLoader API。

透過這個機制，你可以低調地發揮服務的威力。API 的使用者不需要被迫知道 services 或 ServiceLoader，但仍然可以得到解耦與擴展性的好處。

預設的服務實作

到目前為止，我們都假設有個 API 模組，並且有幾個實作這個 API 的供應方模組。這並非不合理的假設，但它不是唯一的架構方式。我們很有可能也會將實作放入匯出服務型態的同一個模組裡面。當你的服務型態顯然會有預設的實作時，為什麼不用同一個模組來提供它？

你可以在 JDK 本身看到許多這種使用服務的模式。雖然你也可以提供自己的 javax.sound.sampled.spi.AudioFileWriter 或 javax.print.PrintServiceLookup 實作，但大多數情況下，java.desktop 模組提供的預設實作就夠用了。那些服務型態是從 java.desktop 匯出的，同時也會提供預設的實作。

事實上，java.desktop 本身對這些服務型態甚至有 uses 限制。從這裡可以看到，模組可以同時扮演 API 擁有者、服務供應者與使用者的角色。

將預設的服務實作與服務型態綁在一起，可確保使用方至少一定有一個實作可用。在這種情況下，使用方就不需要編寫防禦性程式。有些服務依賴關係是刻意做成選擇性的。將預設實作與服務型態放在同一個模組中可避免這種情況。接著，我們必須使用單獨的 API 模組。在第 104 頁的 "使用服務來實作選擇性依賴關係" 中，我們會更詳細地探討這個模式。

選擇服務實作

當你有多個供應者時，不一定會想要使用它們全部。有時你想要根據某些特性來選擇某個實作。

 一定是由使用者根據供應者的特性來決定要使用的服務。因為供應者必須完全不知道對方，所以從供應者的角度來看，無法特別偏坦某種實作。舉例，如果有兩個供應者將自己指定為預設或最佳的實作時會發生什麼事情？正確地選擇一或多個服務的邏輯，是因應用程式而異的，取決於使用者。

你已經看過 ServiceLoader API 本身相當受限。到目前為止，我們只迭代既有的服務實作。如果我們有多個供應者，但只對 "最佳" 的實作有興趣時，該怎麼辦？ Java 模組系統無法知道哪一個實作最符合你的需求。每一個領域都有它自己的需求。因此，你應該為服務型態配備方法，來發現服務的能力，並採用這些方法來做出決定。這不複雜，通常只要在服務介面中加入自我描述（self-describing）方法即可。

例如，Analyzer 服務介面提供一個 getName 方法。ServiceLoader 不知道或不在乎這個方法，但我們可以在使用方模組中使用它來辨識實作。除了用名字來選擇演算法之外，你也可以描述不同的特性，例如使用 getAccuracy 或 getCost 方法。透過這種方式，Analyzer 服務的使用方可提供良好的資訊來選擇實作。你不需要從 ServiceLoader API 提供明確的支援，只要設計自我描述介面即可。

服務型態檢查與惰性實例化

在某些情況下，之前提到的機制仍然不夠用。如果服務介面沒有方法可分辨正確的實作時該怎麼辦？或是將服務實例化的成本很高時？我們可能會只為了找出正確的服務實作，而使用 ServiceLoader 迭代，因而耗費資源來將所有服務實作實例化。在多數情況下，這不是什麼問題，但是有一種解決方案可處理有問題的情況。

Java 9 已經將 ServiceLoader 升級，可在實例化之前，先檢查服務實作型態了。除了像之前一樣迭代所有的實例之外，你也可以檢查 ServiceLoader.Provider 說明串流。ServiceLoader.Provider 類別可讓你在請求一個實例之前先瞭解服務供應者。ServiceLoader 的 stream 方法會回傳 ServiceLoader.Provider 物件的串流，供你瞭解。

我們再來看一個 EasyText 的延伸範例。

首先,我們在範例 4-8 加入自己的註釋,以便之後用來選擇正確的服務實作。這種註釋可成為供應者與使用者共用的 API 模組的一部分。範例中的註釋描述的是 Analyzer 是否快速。

範例 4-8　定義一個註釋,來說明服務實作類別(➡ *chapter4/easytext-filtering*)

```
package javamodularity.easytext.analysis.api;

import java.lang.annotation.Retention;
import java.lang.annotation.RetentionPolicy;

@Retention(RetentionPolicy.RUNTIME)
public @interface Fast {

  public boolean value() default true;

}
```

現在我們可以使用這個註釋,在服務實作中加入詮釋資料。在這裡,我們將它加入 Analyzer 範例:

```
@Fast
public class ReallyFastAnalyzer implements Analyzer {
  // analyzer 的實作
}
```

現在我們只需要加入一些程式來選擇 Analyzer:

```
public class Main {
  public static void main(String args[]) {
    ServiceLoader<Analyzer> analyzers =
      ServiceLoader.load(Analyzer.class);

    analyzers.stream()
      .filter(provider -> isFast(provider.type()))
      .map(ServiceLoader.Provider::get)
      .forEach(analyzer -> System.out.println(analyzer.getName()));
  }

  private static boolean isFast(Class<?> clazz) {
    return clazz.isAnnotationPresent(Fast.class)
      && clazz.getAnnotation(Fast.class).value() == true;

  }
}
```

透過 Provider 的 type 方法，我們可以取得服務實作的 java.lang.Class 說明，再將它傳給 isFast 方法來篩選。

封裝 vs. java.lang.Class

可以取得實作類別的 java.lang.Class 描述好像有點奇怪。這難道沒有違反強力封裝嗎？該類別的套件沒有被匯出啊！

這顯然是認知與真實狀況的差異，雖然 Class 敘述了類別的實作，但你不能用它來做任何事情。當你試著用反射來取得實例（使用 provider.type().newInstance()），且它的類別其實沒有被匯出，你就會得到 IllegalAccessError。所以，擁有一個 Class 物件，不一定代表你可以在你的模組中將它實例化。模組系統的所有操作檢查仍然有效。

---

isFast 方法會檢查我們的 @Fast 註釋的存在，並檢查值確實為 true（它是預設值）。未被註釋為 Fast 的 Analyzer 實作會被忽略，但被註釋為 @Fast 或 @Fast(true) 的服務會被實例化並呼叫。如果你移除串流管道的 filter，所有的 Analyzers 都會被毫無區別地呼叫。

從這一章的範例你可以看到，雖然 ServiceLoader API 是基本功能，但服務機制很強大。當你要將程式模組化時，服務是 Java 模組系統中很重要的元素。

 使用服務來改善解耦並不是新的做法。例如，OSGi 也提供一種基於服務的程式設計模型。要用 OSGi 來成功地建立真正模組化的程式，你必須使用 OSGi 服務。所以我們採取的是一種行之有效的概念。

使用服務綁定來解析模組

還記得第 28 頁的"模組解析與模組路徑"中，我們學過模組是根據模組描述項的 requires 子句來解析的嗎？藉由遞迴追隨從根模組開始的所有 requires 關係，我們可以用模組路徑上的模組來建立解析出來的模組集合。這個程序會偵測缺少的模組，因而可以提供可靠的配置。如果被 require 的模組遺失了，應用程式就無法啟動。

服務的 provides 與 uses 子句在處理解析的過程中加入另一個維度。requires 子句指出模組之間嚴格的編譯期關係,而服務綁定是在執行期發生的。因為服務提供方與使用方模組都會在模組描述項中宣告它們的意圖,那些資訊也可以在模組解析過程中使用。

理論上,如果應用程式的服務在執行期都沒有被綁定,程式也可以啟動。此時呼叫 ServiceLoader::load 不會產生任何實例。這一點用處都沒有,所以模組在啟動時,除了會找出被 require 的模組之外,也會找出模組路徑上的服務提供模組。

當被標上 uses 的模組被解析後,模組系統會找出模組路徑上的指定服務型態的所有供應模組,並將它們加入解析程序。這些供應模組與它們的依賴關係會變成執行期模組圖的一部分。

看一個範例你就可以知道這種擴展對模組解析造成的影響。在圖 4-3,我們從模組解析的角度來看 EasyText 範例。

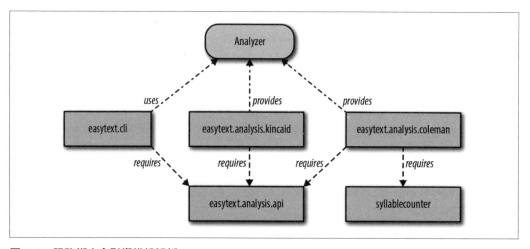

圖 4-3　服務綁定會影響模組解析

我們假設在模組路徑上有五個模組:cli(根模組)、api、kincaid、coleman 與一個假想模組 syllablecounter。模組解析是從 cli 開始的,它與 api 有 requires 關係,所以這個模組會被加入解析出來的模組集合中。到目前為止都是你已經知道的東西。

但是,cli 也使用 uses 子句來請求 Analyzer。在模組路徑上有兩個供應方模組提供這個介面的實作。因此供應方模組 kincaid 與 coleman 會被加入解析出來的模組集合中。模組解析會在 cli 停止,因為它沒有任何其他的 requires 或 uses 子句了。

對 kincaid 而言，沒有東西可以加入已解析模組。它 require 的 api 模組已經被解析了。在 coleman 會出現比較有趣的事情。服務綁定會讓 coleman 被解析出來。在這個範例中，coleman 模組 require 另一個模組：syllablecounter。因此，syllablecounter 也會被解析，這兩個模組會被加入執行期模組圖。

如果 syllablecounter 本身有 requires（甚至 uses！）子句，它們也會被解析。如果在模組路徑上找不到 syllablecounter，則解析會失敗，應用程式無法啟動。即使使用方模組 cli 沒有任何關於 coleman 供應方模組的靜態知識，它的所有依賴關係仍然會透過服務綁定被解析出來。

使用方無法指明它至少需要一個實作。應用程式在找不到服務供應方模組時也可以啟動。使用 ServiceLoader 的程式必須考慮這個可能性。你已經看過，許多 JDK 服務型態都有預設的實作。當公開服務型態的模組有預設實作時，你一定至少有一個服務實作可用。

在這個範例中，當 coleman 不在模組路徑上時，模組也可以成功解析。在這種情況下，在執行期，ServiceLoader::load 呼叫式只能從 kincaid 找到實作。但是，我們已經談過，如果 coleman 在模組路徑上，但是 syllablecounter 沒有，應用程式將會因為模組解析失敗而無法啟動。模組系統也可以默默地忽略這個問題，但是這就違反 "根據模組描述項可取得可靠的配置" 這種說法了。

服務與連結

在第 41 頁的 "連結模組" 中，你已經知道如何使用 jlink 來建立自訂執行期映像了。我們也可以用服務來建立 EasyText 的映像。根據上一章的教學，我們可以使用以下的 jlink 命令：

```
$ jlink --module-path mods/:$JAVA_HOME/jmods --add-modules easytext.cli \
        --output image
```

jlink 會建立一個目錄映像，裡面有一個 bin 目錄。我們可以使用以下的命令來檢視映像裡面的模組：

```
$ image/bin/java --list-modules

java.base@9
easytext.analysis.api
easytext.cli
```

一如預期，api 與 cli 模組在映像中，但是那兩個分析供應方模組呢？如果我們用這種方式來執行應用程式，它會正確地啟動，因為服務供應方是選擇性的。但是沒有任何分析器的程式其實是沒有用途的。

jlink 會從根模組 easytext.cli 開始執行模組解析。所以被解析出來的模組都會被加入結果映像。但是，這個解析程序與我們在之前的章節中談到的，模組系統在啟動時所做的解析不同。在模組解析過程中，jlink 不會做任何服務綁定。這代表服務供應方**不會**因為 uses 子句而被自動納入映像中。

雖然沒有注意到這一點的使用者肯定會感到意外，但它是經過深思熟慮的選擇。服務通常會被用來提供可擴充性。EasyText 應用程式是很好的範例；你可以在模組路徑加入新的服務供應方模組，來加入新的演算法類型。你不一定要以這種方式來使用服務才能執行應用程式。究竟要結合哪些服務供應方，是因應用程式的不同而異的。在組建期，你與服務供應者沒有依賴關係，在連結期，則是由映像的建立者來選擇可供使用的服務提供方。

> 不在 jlink 中做自動服務綁定更實際的理由是 java.base 有大量的 uses 子句。這些服務型態的供應方都在各種其他的平台模組中。如果預設綁定所有的服務，就會讓映像的最小尺寸大很多。如果不在 jlink 中使用自動服務綁定，你可以建立一個只包含 java.base 與應用模組的映像，就像我們的範例。一般來說，自動服務綁定通常會導致非常大的模組圖。

我們來試著為 EasyText 應用程式建立一個執行期映像，並設置它來從命令列執行。為了加入分析程式，我們使用 --add-modules 引數來對每一個要加入的供應方模組執行 jlink：

```
$ jlink --module-path mods/:$JAVA_HOME/jmods \
        --add-modules easytext.cli               \
        --add-modules easytext.analysis.coleman \
        --add-modules easytext.analysis.kincaid \
        --output image

$ image/bin/java --list-modules

java.base@9
easytext.analysis.api
easytext.analysis.coleman
easytext.analysis.kincaid
easytext.cli
```

這看起來好多了，但我們在啟動應用程式時，仍然會發現問題：

```
$ image/bin/java -m easytext.cli input.txt
```

應用程式會因為這個例外而退出：java.lang.IllegalStateException: SyllableCounter not found。kincaid 模組會使用其他的 SyllableCounter 型態的服務。這是服務供應方使用其他的服務來實作的例子。我們已經知道，jlink 不會自動納入服務供應方，所以含有 SyllableCounter 案例的模組也不會被納入。我們再度使用 --add-modules 來取得功能完整的最終映像：

```
$ jlink --module-path mods/:$JAVA_HOME/jmods \
        --add-modules easytext.cli               \
        --add-modules easytext.analysis.coleman \
        --add-modules easytext.analysis.kincaid \
        --add-modules easytext.analysis.naivesyllablecounter \
        --output image
```

因為 jlink 在預設情況下不會納入服務供應方，所以我們必須在連結期做一些額外的工作，特別是當服務會傳遞性地使用其他的服務時。作為回報，它提供許多彈性來微調執行期映像的內容。不同的映像可服務不同類型的使用者，你只要重新配置要納入哪些服務供應方即可。在第 256 頁的 "尋找正確的服務供應模組" 中，我們會看到 jlink 提供了額外的選項，來協助發現與連結相關的服務供應模組。

之前的章節討論了 Java 模組系統的基本知識。模組化與設計和結構有很密切的關係，這也是它有趣的地方。在下一章，我們要來看一些使用模組來建立的模式，它們可以改善系統的可維護性、彈性與可重複使用性。

第五章

模組化模式

瞭解新技術或語言的新功能，就某些方面而言很像獲得超能力。你會立刻看到它的潛力，並且想要到處使用它，來改變這個世界。就算你認為你已經具備超能力，卡通的超級英雄已經告訴我們，這個世界不是非黑即白。我們幾乎無法立刻知道使用新的能力究竟是好是壞；使用強大的超能力是需要肩負巨大的責任的。

學習 Java 模組系統也一樣。如果你不知道模組的設計原理就開始使用它的功能，那麼學習它對你來說沒有任何好處。模組化並非只是藉由導入新的語言功能來實作。它也與設計和架構有關。採取模組化設計也是一種長期的投資。使用它，你可以未雨綢繆，預防需求、環境、團隊的改變，以及其他不可預知的事件。

在這一章，我們要來討論一些使用模組來改善系統架構的可維護性、彈性與重複使用性的模式。你要記得，以下的許多模式與設計實作都是與技術無關的。雖然本章會展示程式，但它的目的是在 Java 模組系統的環境中說明這些有時會很抽象的模式。我們的重點是採用已被建立的模組化模式來有效地將系統模組化。

如果你很清楚這些模式，恭喜你！你已經做模組化開發很久了。儘管如此，Java 模組系統提供比之前的版本更多的支援，來協助你編譯模組化程式。而且它不是只有協助你，而是你的整個團隊，甚至擴展到整個 Java 生態系統。另一方面，如果你第一次看到這些模式，也很恭喜你。藉由學習與應用這些模式與設計方法，你的應用程式會變得更容易維護與擴展。

這一章要來討論你會經常在應用程式開發時遇到的基本模組化模式。我們會從一些較一般的模組設計準則開始，之後會說明較具體的模組模式。我們會在第 6 章討論較進階的模式，它們可能只會吸引極具彈性的應用程式的開發者，例如通用應用程式容器或外掛系統。

決定模組邊界

究竟哪些因素能造就好的模組？你可能會很驚訝—這其實是個老問題。從我們進入業界開始，將系統分為小的、可管理的模組就是一種普遍的制勝策略了。例如，這是一篇1972 年的論文的引文（*http://bit.ly/parnas-on-the*）：

> "模組化" 的成效，取決於你將系統拆成模組時採取的準則。
>
> —D.L. Parnas, *"On the Criteria To Be Used in Decomposing Systems into Modules"*

這篇論文的重點之一，就是在編寫任何程式之前，你就要開始做模組化了。你應該藉由系統的設計與目的來推論模組邊界。在以下的專欄中，你可以知道 Parnas 如何應付這項挑戰。如那篇論文的引言所述，劃分邊界的準則，會決定模組化工作的成功與否。那麼，這些準則是什麼？同樣的，這要視情況而定。

Parnas 分割法

根據 D.L. Parnas 在 1972 年發表的論文，他設計了一種模組化的方法，稱為 *Parnas 分割法*。當你在考慮模組邊界時，將可能的改變列入考量必定是好的做法。使用 Parnas 分割時，你會建構一個隱匿假設清單（*hiding assumption list*）。這份清單的範圍，包括預期會改變的系統，或是存在有爭議的設計決策的系統，以及它們以後改變的機率。我們會用這份清單來將功能分成模組，來將改變的影響最小化。在隱匿假設清單中，發生機率高的項目是封裝成模組的主要對象。建立這種清單不是困難的科學。你可以和技術性與非技術性的專案關係人一起建立它。

你可以閱讀 Parnas 分割法的初階說明（*http://www.jodypaul.com/SWE/HAL/hal. html*），來進一步瞭解如何建構隱匿假設清單。

建立可重複使用的模組程式庫 vs. 建立讓人容易瞭解與維護的大型企業應用程式之間有很大的差異。通常，在設計模組時，我們可以劃分幾個可供對齊的軸線：

理解

模組與模組之間的關係，會反應系統的整體結構與目的。當一個沒有先期知識的人查看基礎程式時，會立刻看到高階的結構與功能。當開發者尋找特定的功能時，模組結構可以指引他們在這個系統中找到。

可變性

需求會不斷變化。使用模組來封裝有可能改變的決策,可降低改變造成的影響。當兩個系統具備類似功能,但是有不同的預期改變區域時,它們可能會有不同的最佳模組邊界。

重複使用

模組是理想的重複使用單位。為了增加重複使用性,你應該讓模組聚焦在極小的範圍,並且讓它們盡可能獨立。可重複使用的模組可以在各種不同的應用程式中,以很多種方式重組。

團隊合作

有時你想要使用模組邊界來明確地劃分多個團隊間的工作。你可以將模組邊界對齊組織邊界,而不是以技術來考量。

在這些軸線之間有一些張力(tension)。這裡沒有一體適用的解決方案。當你針對特定區域的改變來設計時,可能會引入抽象,讓初次看到程式的人比較不容易理解。舉例來說,你可能會認為程序中的某些步驟的改變機率比其他步驟還要高,所以把它們單獨放在一個模組中。邏輯上來說,這個步驟仍然屬於主程序,但現在它在一個單獨的模組內。雖然你提升可改變性了,但是這種做法比較容易讓人無法理解整體的程序。

另一個重要的取捨來自重複使用(reuse)與使用(use)之間的張力。一般的組件或可重複使用的程式庫可能會因為必須適應不同的使用情境而變得更複雜。不可重複使用的應用程式組件不用直接應付許多使用者的需求,所以可能較容易理解且專用。

有兩個主要因素會讓你想要設計可重複使用的程式:

- 遵守 Unix 哲學,只做一件事,並且把它做好。

- 將模組本身的依賴關係數量最小化。否則,你就會因為這些傳遞性的依賴項目,而得疲於應付所有重複使用它的使用者。

這些驅動因素不一定適用於應用模組,因為對應用模組而言,比較重要的是容易使用與理解,以及開發的速度。如果你可以使用程式庫的模組來加快應用模組的開發速度,而且可在過程中讓應用模組更簡單,那就去做吧。另一方面,如果你想要建立可重複使用的程式庫模組,未來的使用者會感謝你沒有導入大量的傳遞性依賴關係。這沒有對錯,只關乎慎重地取捨。模組系統可讓這些選擇更明確。

通常，可重複使用的模組會比一次性的應用模組還要小型且聚焦。不過，使用許多小型的模組也會帶來它的複雜性。如果重複使用不是立即性的考量，使用較大型的模組比較合理。

在下一節，我們要來討論模組大小的概念。

精簡的模組

模組應該多大？雖然這是很自然的問題，但它就像詢問你的應用程式應該多大一樣。這不是什麼好的建議—大到足以達成它的目的就好了，但不能更大。

當你考慮模組的設計，而不是只有大小時，還有更重要的問題需要解決。關於模組的大小，有兩種指標需要考慮：它公開的**表面積**大小，以及它內部實作的大小。

把模組公開匯出的部分簡化與最小化是有好處的，原因有二。第一個原因，簡單且小型的 API 比大型且複雜的還要容易使用。模組的使用者不需要理解沒必要的細節。模組化的意義，在於將關心的事情分解成可管理的區塊。

第二個原因，將模組的公開部分最小化可減少模組維護者的負擔。模組的作者不需要支援別人無法操作的地方，所以可以自在地改變內在的細節，而不會產生嚴重的後果。暴露的東西愈少，使用者依賴的東西就愈少，API 也就會更穩定。模組匯出的東西會變成模組製造者與使用者之間的合約。如果你想要在改善模組時考慮回溯相容（這應該是預設的做法），這是不可以掉以輕心的事情。因此，建議你將模組公開的表面積最小化。

這導致另一種指標：模組未被匯出的部分的度量。討論原始大小（raw size）不如討論模組的公開部分。同樣的，模組的私用實作的大小，應該足以滿足它的 API 合約。一個比較有趣的問題：它需要多少其他的模組來滿足它的目標？精簡的模組應該盡可能地獨立，盡可能避免依賴其他的模組。只為了使用特定的模組，就得在系統中加入沉重的（可傳遞的）依賴關係，是十分討厭的事情。如前所述，如果設計模組的主要的考量不是廣泛的重複使用性，這就不是個問題。

你或許已經發現 "開發精簡模組" 與 "可重複使用的微服務周圍的最佳實作" 之間的相似處。讓模組盡量小型。定義與外界之間的良好合約，同時盡可能地獨立。實際上，在你的系統結構的各個階層都有類似的問題。具備公開 API 以及模組描述項的模組，可促進程序內部的重複使用與組合。微服務是在結構的較高階層運作的，透過（網路化的）

處理間通訊（interprocess communication）。因此模組與微服務是相輔相成的概念。你可以在內部使用 Java 模組來實作相當好的微服務。有一個重要的差異在於，我們不但可以用模組與它們的描述項來明確地描述它們提供（匯出）的東西，也可以描述它們要求的東西。因此 Java 模組系統的模組可以被可靠地解析與連結，這是多數的微服務環境做不到的。

API 模組

到目前為止，你已經知道，慎重規劃模組的 API 是必要的。在組建適當的模組時，API 設計變成第一級公民。乍看之下，設計 API 這件事好像只與程式庫作者有關，但事實並非如此。當你要將應用程式模組化時，精心製作應用程式模組的公用 API 非常重要。根據定義，模組的 API 是它匯出的套件的總匯。如果應用程式的模組都會匯出它們容納的所有東西，通常是有問題的，代表這種做法與不採用模組差不多。模組化的應用程式會隱藏它的實作細節，不讓應用程式的其他部分知道，就像一個良好的程式庫會隱藏它的內在，不讓應用程式知道一樣。當你的模組會被用在應用程式的各種地方，或被你的機構的不同團隊使用時，定義良好且穩定的 API 是重要的事情。

什麼該放在 API 模組內？

如果你希望某個介面只有一個實作，你可以將 API 與實作放在同一個模組內。此時，匯出的部分可被模組的使用者看到，而實作套件是被隱藏的。你可以透過 ServiceLoader 來將實作當成服務來公開。就算你預期有多個實作，在某些情況下，將預設的實作放到 API 模組內也是合理的做法。接下來，我們假設 API 模組不包含這種預設的實作，實作是被獨立出來的。在第 88 頁 "具備預設實作的 API 模組" 中，我們會討論當模組包含被匯出的 API 以及該 API 的實作時，應注意的事項。

我們已經確定，模組公開的部分應該盡可能精簡。但是你要從 API 模組匯出什麼？我們已經談了許多關於介面的東西了，因為它們構成多數 API 的主幹。當然，還有很多需要討論的。

介面含有許多方法，這些方法會有參數與結果型態。就最基本的形式而言，介面是獨立的，只使用來自 java.base 的型態：

```java
public interface SimpleTextRepository {
  String findText(String id);
}
```

在實際情況下，你不太可能看到這麼簡單的介面。在 EasyText 這種應用程式中，你預期會有一個存放區（repository）實作，以 getText 回傳一個特定領域（domain-specific）的型態（見範例 5-1）。

範例 5-1　使用非基本型態的介面

```
public interface TextRepository {
  Text findText(String id);
}
```

這個範例也將 Text 類別放在 API 模組裡面。它也可以是典型的 JavaBean 風格的類別，描述呼叫方預期可從服務取得的資料。因此，它是公用 API 的一部分。你在介面的方法中宣告的例外也是 API 的一部分。你應該將它們一起放在 API 模組內，並且連同（宣告）會丟出它們的方法一起匯出它們。

介面是讓 API 供應者與使用者解耦的主要手段。當然，API 模組除了介面之外，也可能會容納許多其他東西，例如，你期望讓 API 使用者擴展的（抽象）基礎類別、enum、註釋，等等。無論你在 API 模組內放入什麼東西，請記得：最小化是一條漫長的道路。

我們希望當 API 模組被別的模組 require 時，別的模組可以如我們預期地使用它。你不會為了取得在介面內使用的所有型態的可讀性，而 require 額外的模組。如前所述，讓 API 模組自給自足是做到這一點的其中一種方式。不過，這不一定適合所有情況。介面方法回傳或接收的參數，通常是別的模組的型態。為了簡化這種情況，模組系統提供了**默認可讀性**。

默認可讀性

第 23 頁的 "默認可讀性" 介紹了平台模組的默認可讀性。我們來看一個來自 EasyText 領域的範例，來瞭解默認可讀性如何協助建立自給自足且完全自我描述（self-describing）的 API 模組。我們的範例是以三個模組組成的，見圖 5-1。

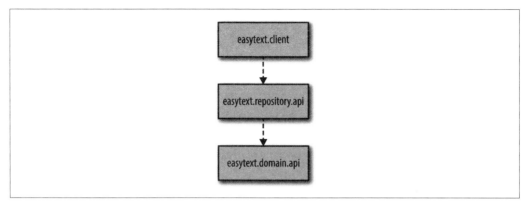

圖 5-1　三個模組，還沒有默認可讀性

在這個範例中，範例 5-1 的 TextRepository 介面在 easytext.repository.api 模組裡面，它的 findText 方法回傳的 Text 類別在另一個模組 easytext.domain.api 裡面。範例 5-2 是 easytext.client（它呼叫 TextRepository）的 *module-info.java* 的開頭。

範例 5-2　使用 *TextRepository* 的模組的模組描述項（➡ *chapter5/implied_readability*）

```
module easytext.client {
  requires easytext.repository.api; ❶

  uses easytext.repository.api.TextRepository; ❷
}
```

❶　Requires API 模組，因為我們必須操作它裡面的 TextRepository。

❷　指出這個用戶端想要使用實作了 TextRepository 的服務。

接著 easytext.repository.api 會依賴 easytext.domain.api，因為它在 TextRepository 介面中使用 Text 來作為回傳型態：

```
module easytext.repository.api {
  exports easytext.repository.api; ❶
  requires easytext.domain.api; ❷
}
```

❶　公開含有 TextRepository 的 API 套件。

❷　requires domain API 模組，因為它含有在 TextRepository 介面中使用的 Text。

最後，`easytext.domain.api` 模組含有 Text 類別：

```
public class Text {

    private String theText;

    public String getTheText() {
        return this.theText;
    }

    public void setTheText(String theText) {
        this.theText = theText;
    }

    public int wordcount() {
        return 42; // 何不？
    }

}
```

注意，Text 有個 wordcount 方法，我們稍後會在用戶端程式中使用它。`easytext.domain.` `api` 模組會匯出含有這個 Text 類別的套件：

```
module easytext.domain.api {
    exports easytext.domain.api;
}
```

用戶端模組有以下針對 repository 的呼叫：

```
TextRepository repository = ServiceLoader.load(TextRepository.class)
    .iterator().next();

repository.findText("HHGTTG").wordcount();
```

如果我們編譯這段程式，編譯器會產生以下的錯誤：

```
./src/easytext.client/easytext/client/Client.java:13: error: wordcount() in
Text is defined in an inaccessible class or interface
        repository.findText("HHGTTG").wordcount();
                                     ^
```

雖然我們沒有在 `easytext.client` 裡面直接提到 Text 型態，但我們會試著對這個型態呼叫方法，因為它是被 repository 回傳的。因此，用戶端模組必須讀取匯出 Text 的 `easytext.domain.api` 模組。處理這種編譯錯誤的方式之一，就是在用戶端的模組描述項加入 `requires easytext.domain.api` 子句。不過，這不是很好的解決方案；為何要讓用戶端模組處理 repository 模組的傳遞依賴性？較好的解決方案是改善 repository 的模組描述項：

```
module easytext.repository.api {
  exports easytext.repository.api;
  requires transitive easytext.domain.api; ❶
}
```

❶ 加入 transitive 關鍵字來設定默認可讀性。

注意在 exports 子句內，額外的 transitive 關鍵字。它等於說，存放區模組會讀取 easytext.domain.api，且每一個 require easytext.repository.api 的模組也會自動讀取 easytext.domain.api，如圖 5-2 所示。

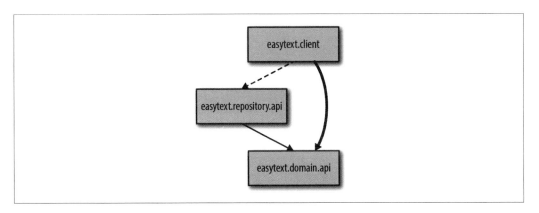

圖 5-2　粗線是用 requires transitive 來設定的默認可讀性

現在編譯這個範例不會出現問題了。用戶端模組可以透過 repository 的模組描述項的 requires transitive 子句來讀取 Text 類別。repository 模組可藉由默認可讀性來指明：光是使用它匯出的套件還無法讓你使用這個模組。

你已經看過因為回傳型態來自不同的模組，所以必須使用 requires transitive 的範例了。當一個公開、被匯出的型態引用來自其他模組的型態時，請使用默認可讀性。除了回傳型態之外，它也可以應用在來自不同模組的引數型態以及被丟出的例外。

有一個編譯器旗標可協助你在 API 模組中發現應該被標記為 transitive 的依賴關係。如果你用 -Xlint:exports 來編譯，任何未被傳遞性 require（但應該這樣做），且屬於被匯出的套件的型態都會造成警告。如此一來，你就可以在編譯 API 模組時，自行發現問題。否則，錯誤只會在你沒有設定默認可讀性，並且編譯一個缺少所提到的依賴關係的

使用方模組時浮現。例如，當我們拿掉之前的 `easytext.repository.api` 模組描述項裡面
的 `transitive` 描述項，並使用 `-Xlint:exports` 來編譯它時，會產生以下的警告：

```
$ javac -Xlint:exports --module-source-path src -d out -m easytext.repository.api
src/easytext.repository.api/easytext/repository/api/TextRepository.java:6:
warning: [exports] class Text in module easytext.domain.api is not indirectly
 exported using requires transitive
  Text findText(String id);
  ^
1 warning
```

當你設計 API 模組時，默認可讀性是可讓模組更容易使用的強大技術。但是如果你在使
用模組時，過度依賴默認可讀性會產生一個微妙的危險。在我們的範例中，用戶端模組
可以藉由默認可讀性的傳遞性質來使用 Text 類別。當你透過介面來使用這個型態時，
它可以良好運作，如同範例 `repository.findText("HHGTTG").wordcount()` 所示。但是，如
果我們在用戶端模組內直接使用 Text 類別，而不是透過介面的方法來讓它成為回傳值，
也就是說，直接實例化 Text，並將它存入一個欄位中時，會發生什麼事情？程式也可以
正確地編譯與執行。但是現在用戶端的模組描述項是否真的反應你的目的？你可能會認
為，在這種情況下，用戶端模組必須明確、直接地依賴 `easytext.domain.api` 模組。透過
這種方式，當用戶端模組停止使用 repository 模組時（因此失去對於 domain API 的默認
可讀性），用戶端程式可以繼續編譯。

這看起來無關緊要。它可以編譯也可以運行，有什麼大不了的？但是，身為一位模組作
者，你要負責根據你的程式來宣告正確的依賴關係。默認可讀性的目的，只是為了防止
你之前看到的編譯器錯誤這種意外。你不能把工作全部交給它，懶於宣告你的模組實際
的依賴關係。

具備預設實作的 API 模組

究竟要將 API 的實作放在同一個模組，還是不同的模組，是一個有趣的問題。當你預期
API 有多種實作時，將 API 與實作分開是一種方便的模式。另一方面，如果實作只有一
個，將 API 與實作放在同一個模組是最合理的做法。如果你想要提供預設的實作來方便
使用，這種做法也很合理。

你不會因為將 API 與實作放在同一個模組，就無法將其他的實作放在別的模組，但如此
一來，其他的實作模組就需要依賴那個結合實作與 API 的模組。這可能會導致多餘的依
賴關係，因為對其他的實作而言，組合模組裡面的實作是無用的，但依然需要解析它。

圖 5-3 說明這個問題。模組 easytext.analysis.coleman 與 easytext.analysis 都提供 Analyzer 介面的實作來作為服務。後者會匯出 API 並提供一個實作。但是，在 easytext.analysis（而非 API）內的實作會 requires syllablecounter 模組。如此一來，當 syllablecounter 不在模組路徑上時，在 easytext.analysis.coleman 裡面的 API 替代實作就無法執行，即使替代實作不需要它亦然。將 API 拿到它自己的模組裡面可以避免這種問題，見圖 5-4。

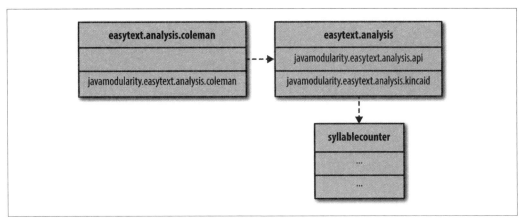

圖 5-3 當 API 的模組（easytext.analysis 模組）裡面有實作時，該實作的依賴關係（這裡的 syllablecounter）也會造成別的實作的負擔

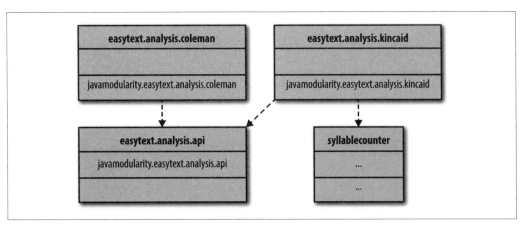

圖 5-4 有多個實作時，使用單獨的 API 模組運作得比較好

在第 3 章的結尾與第 4 章中，我們為 EasyText Analyzer 介面加入一個單獨的 API 模組。當你有（或預期有）多個 API 的實作時，將公用 API 提到它自己的模組中是合理的做法。當然這裡也是如此，我們期望讓 EasyText 可以擴充新的分析功能。當你用服務來提供實作時，取出 API 模組會產生圖 5-4 的模式。

在這種情況下，你最終會有多個不會匯出任何東西的實作模組，它們都依賴 API 模組，並且以服務來公開它們的實作。因此，API 模組只會匯出套件，不會含有被封裝的實作程式碼。藉由這種安排，easytext.analysis.kincaid 模組與 syllablecounter 的實作依賴關係就不會造成備選的 easytext.analysis.coleman 模組的負擔。當你使用 easytext.analysis.coleman 時，easytext.analysis.kincaid 或 syllablecounter 就不一定要在模組路徑上了。

聚合模組

知道默認可讀性之後，我們接著來討論新的模組模式：聚合模組。想像你有個程式庫，它是由一些彼此關係鬆散的模組組成的。這個假想的程式庫的使用者可以使用一或多個模組，取決於他們的需求。目前為止還沒有談到新東西。

建立模組的門面

有時你不想要讓程式庫的使用者考慮該使用哪個模組。或許程式庫的模組已經被分解成可以協助維護的配置了，但是這會造成使用者的困擾。或者，你可能只是想要讓使用者可以快速上手，讓他們只要依賴一個代表整個程式庫的模組就可以了。完成這個目標的其中一種方式是建立單獨的模組，以及一個含有單獨模組的所有內容的 "超級模組"。這可以有效解決問題，但不是好的做法。

另一種可以達成類似結果的方式，就是使用默認可讀性來建構聚合模組。基本上，你是在為既有的程式庫模組建立一個門面。聚合模組裡面沒有程式碼，它只有一個模組描述項，用來設定所有其他模組的默認可讀性：

```
module library {
  requires transitive library.one;
  requires transitive library.two;
  requires transitive library.three;
}
```

現在，如果程式庫的使用者加入一個針對這個程式庫的依賴關係，這三個程式庫模組都會被傳遞性地解析，而且它們匯出的型態都可供應用程式讀取。

圖 5-5 是新的情況。當然，如果需要，應用模組仍然可以依賴單一特定模組。

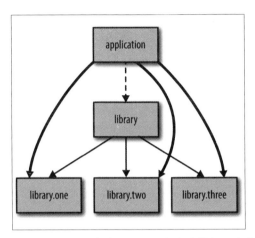

圖 5-5　應用模組可以透過聚合模組程式庫來使用從三個程式庫模組匯出的所有型態。粗線代表默認可讀性

因為聚合模組是輕量的，你當然可以建立多個不同的聚合模組。例如，你可以提供幾個程式庫的版本，給幾個特定的使用者使用。

我們曾經在第 2 章看過，JDK 有一個採取這種做法的好例子。它有多個聚合模組，見表 5-1。

表 5-1　JDK 的聚合模組

模組	聚合
java.se	所有模組都屬於 Java SE 官方規格
java.se.ee	java.se 模組，以及與 Java SE 平台同捆的所有 EE 模組

另一方面，建立聚合模組可以方便使用方使用。使用方模組可以直接 require 聚合模組，不用太考慮底層的結構。另一方面，它也會帶來一些風險。現在使用方模組可以透過聚合模組，傳遞性地操作所有被公開的型態。其中可能包含來自使用方不想要依賴的模組的型態。因為默認可讀性，當你使用這些型態時，將不會從模組系統得到任何警告。精確地指定你需要的底層模組依賴關係，可防止你受到這些缺陷的影響。

使用聚合模組很方便。從 JDK 開發者的角度來看，除了方便還有其他好處。聚合模組是一種很棒的方式，可將平台組合成可管理的區塊，而不用做重複的事情。我們來看一種平台聚合模組，java.se.ee，來瞭解這是什麼意思。之前已經知道，我們可以使用 java --describe-module <modulename> 來查看模組描述項的內容：

```
$ java --describe-modules java.se.ee
java.se.ee@9
requires java.se transitive
requires java.xml.bind transitive
requires java.corba transitive
...
```

聚合模組 java.se.ee 傳遞性地 requires 相關的 EE 模組。它也傳遞性地 requires 另一個聚合模組，java.se。默認可讀性是傳遞性運作的，所以當有一個模組讀取 java.se.ee 時，它也會讀取被 java.se 傳遞性 require 的所有東西，以此類推。這種階層式聚合模式是組織大量模組的簡潔做法。

安全地拆開模組

聚合模組模式還有另一種實用的應用方式。它的使用時機是當你有一整塊的模組，並且想要在它被釋出之後拆開它時。它可能已經變很大，且難以維護，或是你想要將無關的功能拿掉，來改善重複使用性。

假設 largelibrary 模組（見圖 5-6）需要做進一步的模組化。但是，largelibrary 在外界已經有大量的使用者，正在使用它的公用 API 了。這個分割必須考慮回溯相容。也就是說，我們不能認為既有的 largelibrary 使用者會立刻換成新的、較小的模組。

解決方案是將 largelibrary 換成相同名稱的聚合模組，見圖 5-7。接著，聚合模組會將默認可讀性安排給新的、較小的模組。

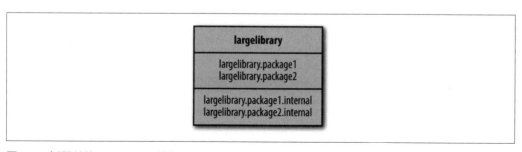

圖 5-6　拆開前的 largelibrary 模組

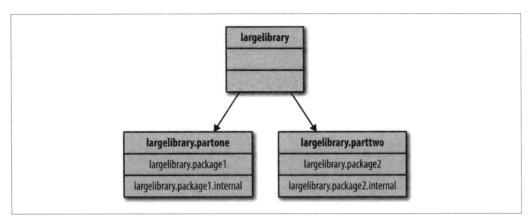

圖 5-7　拆開後的 largelibrary 模組

既有的套件，包括被匯出的與被封裝的，都會被新加入的模組發布。現在程式庫
的新使用者可以選擇使用其中一個單獨的模組，或是為了讀取所有的 API 而使用
largelibrary。當既有的程式庫使用者升級成這個新版本的 largelibrary 時，不需要改
變他們的程式或模組描述項。

你不一定要建立裡面只有模組描述項，沒有自己的程式碼的純聚合模組。通常程式庫是
用可獨立使用的核心功能組成的。以 largelibrary 為例，套件 largelibrary.part2 可能
會建立在 largelibrary.part1 之上。

在這種情況下，建立兩個模組是合理的做法，如圖 5-8 所示。

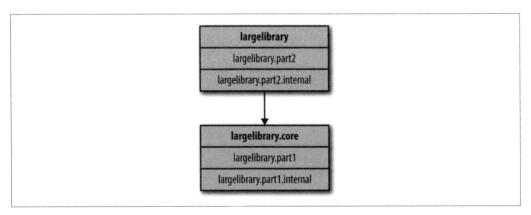

圖 5-8　另一種拆開 largelibrary 的方法

largelibrary 的使用者可以繼續使用它，或只 require largelibrary.core 模組來使用其中的一些功能。這種做法是用以下的 largelibrary 的模組描述項來實現的：

```
module largelibrary {
  exports largelibrary.part2;

  requires transitive largelibrary.core;
}
```

你可以看到，默認可讀性提供安全的方式來拆開模組。新聚合模組的使用者不會發現任何與使用單一模組時不同的情況。

避免循環依賴關係

在實務上，安全地拆開既有的模組很難。上一個範例假設原始的套件邊界容許我們利落地拆開模組。如果你要將來自同一個套件的不同類別放到不同的模組呢？你不能從兩個不同的模組匯出同一個套件給使用者。或者，如果兩個套件的型態互相有依賴關係呢？此時將每一個套件放入個別的模組是無效的，因為模組依賴關係是不能循環的。

接著我們要先來瞭解拆開套件的問題。之後，我們會研究如何重構模組間的循環依賴關係。

劈腿套件

當你拆開模組時，可能會出現劈腿套件。**劈腿套件**（*split package*）是橫跨多個模組的單一套件，如圖 5-9 所示。當你要拆開一個沒有良好地對齊既有的套件邊界的模組時，就會發生這種情況。

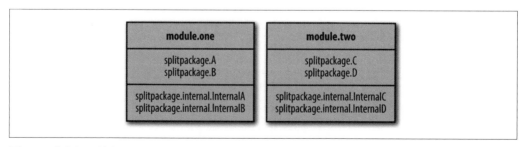

圖 5-9　含有相同的套件，但有不同的類別的兩個模組

在 這 個 範 例 中，`module.one` 與 `module.two` 都 含 有 同 一 個 套 件（`splitpackage` 與 `splitpackage.internal`）的類別。

 請 記 住，Java 的 套 件 不 是 階 層 式 的。`splitpackage` 與 `splitpackage.internal` 是彼此無關的套件，只是名字的開頭剛好相同而已。

將 `module.one` 與 `module.two` 放在模組路徑上，會在啟動 JVM 時產生錯誤。Java 模組系統不容許劈腿套件。只有一個模組可以匯出一個指定的套件給其他的模組。因為匯出是用套件名稱來宣告的，讓兩個模組匯出同一個套件會導致不協調的情況。如果 Java 容許這種事情，就有可能會讓兩個模組匯出一個名稱完全相同的類別。如果有另一個模組依賴這兩個模組，而且想要使用這個類別時，就會發生不知道這個類別來自哪個模組的衝突。

就算劈腿套件不是從模組匯出的，模組系統也不允許。理論上，使用未被匯出的劈腿套件（例如圖 5-9 的 `splitpackage.internal`）沒有問題。畢竟，它被完全封裝了。但是在實務上，模組系統從模組路徑載入模組的做法會禁止這種安排。模組路徑上的所有模組都會在同一個類別載入器中載入。類別載入器只能有一個套件的一個定義，無論它究竟是被匯出的，還是被封裝的。在第 128 頁的 "容器應用模式" 中，你將會看到模組系統的進階用法，可讓多個模組有相同的被封裝的套件。

要避免劈腿套件，最直接的方式就是在一開始就不要建立它們。當你從頭開始建立模組時，這是可行的，但是當你要將既有的 JAR 轉換成模組時，就很難做到。

圖 5-9 的範例是一個*利落地劈腿*的套件，也就是說，在不同的模組中，沒有名稱完全相同的型態。當你將既有的 JAR 轉換成模組時，不利落地劈腿（有多個 JAR 有相同的型態）並不罕見。當然，這些 JAR 在類別路徑上可能就已經在一起工作了（但只是不小心的）。但不是在模組系統中。在這種情況下，解決方式是將這些 JAR 及其重疊的套件合併成單一模組。

請記得，模組系統會檢查所有模組的套件是否重疊，包括平台模組。坊間有一些 JAR 會試著在 JDK 的模組所屬的套件中加入類別。將這些 JAR 模組化，並將它們放在模組路徑上是無效的，因為它們會與那些平台模組重疊。

 當你將含有與 JDK 套件重疊的套件的 JAR 放在類別路徑上時，它們的型態會被忽略，也不會被載入。

拆開循環

現在我們已經解決劈腿套件的問題了，但還有套件之間的循環依賴問題需要解決。當你拆開有相互依賴的套件的模組時，可能會產生循環的模組依賴關係。你可以建立這些模組，但它們無法編譯。

在第 28 頁的 "模組解析與模組路徑" 中，你已經知道，在編譯期，模組間的可讀性關係必須是非循環的。兩個模組不能在它們的模組描述項中互相 require。接著，在第 49 頁的 "建立 GUI 模組" 中，你也知道循環可讀性關係可能會在執行期出現。你也應該注意，服務可能會互相使用，在執行期形成循環呼叫圖。

那麼，為什麼要在編譯期嚴格地禁止循環？JVM 可以在執行期惰性載入類別，所以採取多階段解析策略來處理循環。但是，當編譯器要編譯一個型態時，只有在那個型態使用的所有型態都已被編譯，或會在同一次編譯時被編譯時，才可以編譯它。

要實現這一點，最簡單的方式是永遠都同時編譯相互依賴模組。不過這可能會導致難以管理的組建版本與基礎程式。事實上，這是一個主觀的說法。在編譯期不允許循環性的模組依賴關係，是 Java 模組系統根據 "對模組化而言，循環依賴關係通常不是好事" 的前提，而做出的選擇。

"含有循環關係的程式很難以理解" 這句話沒有爭議，尤其是因為循環可能會隱藏在許多間接的層面之後。複雜的情況不一定都只是兩個 JAR 裡面的兩個不同套件的兩個類別有互相依賴關係。循環依賴關係顯然會造成混亂，在使用 Java 模組系統來模組化的應用程式中，沒有存在的空間。

當應用程式既有的 JAR 之間有循環依賴關係時，如何將它模組化？或者，如果拆開一個 JAR 裡面的套件後會產生這種循環時，該怎麼辦？你不能直接將它們轉換成兩個互相 require 的模組，因為編譯器不容許這種配置。

最直接的解決方案之一，就是將這些 JAR 合併為一個模組。如果兩個組件之間有這麼緊密的（循環）關係，我們可以說，它們實際上就應該屬於同一個模組。當然，這種做法假設循環關係是良性的。但如果循環是間接的，而且涉及許多個組件，而不只兩個，這種做法也會失敗，除非你想要將參與循環的所有組件合併，但你應該不太可能這樣做。

通常循環代表程式的設計有問題，所以要拆開循環，就需要重新設計。有人說過，電腦科學的所有問題都可以藉由加入另一個間接層（level of indirection）來解決（當然，除了有過多的間接層這種問題之外）。我們來看一下，如何加入一個間接層來打開循環。

我們一開始有兩個 JAR 檔案：*authors.jar* 與 *books.jar*。這兩個 JAR 各有一個類別（分別是 Author 與 Book），它們會互相參考。如果你天真地將既有的 JAR 變成模組化的 JAR，循環依賴關係就會變得更明顯，如圖 5-10 所示。

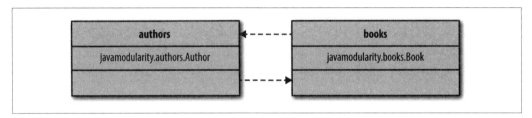

圖 5-10　這些模組無法被編譯與解析，因為它們有循環依賴關係

我們要回答的第一個問題是：這些模組的正確關係是什麼？這裡沒有一體適用的解決方法。我們必須仔細查看程式，瞭解它究竟想要完成什麼。唯有如此，我們才能正確地回答問題。我們用範例 5-3 來討論這個問題。

範例 5-3　*Author.java*（➥ *chapter5/cyclic_dependencies/cycle*）

```java
public class Author {
  private String name;
  private List<Book> books = new ArrayList<>();

  public Author(String name) {
    this.name = name;
  }

  public String getName() {
    return name;
  }

  public void writeBook(String title, String text) {
    this.books.add(new Book(this, title, text));
  }

}
```

Author 有個名字,而且可以寫一本書,書會被加入書本串列中:

```
public class Book {
  private Author author;
  private String title;
  private String text;

  public Book(Author author, String title, String text) {
    this.author = author;
    this.text = text;
    this.title = title;
  }

  public void printBook() {
    System.out.printf("%s, by %s\n\n%s", title, author.getName(), text);
  }
}
```

書籍可以用 Author、書名,與一些文字來建立。建立 Book 之後,你可以用 printBook 來印出它。從這個方法的程式中,我們可以看到它的運作會造成從 Book 到 Author 的依賴關係。畢竟,Author 在那裡只是一個要印出的名稱。這指出一個新的抽象。Book 只想要取得一個名字,為什麼要與 Author 耦合?或許除了透過作者之外,還有其他的方式可以出書(聽說深度學習有一天會搶走我們的工作…)。

所有的討論都指向一個新的抽象:我們正在尋求的間接層。因為書的模組只對名字有興趣,我們來加入一個 Named 介面,見範例 5-4。

範例 5-4　*Named.java*（➥ *chapter5/cyclic_dependencies/without_cycle*）

```
public interface Named {
  String getName();
}
```

現在 Author 可以實作這個介面。它已經有介面要求的 getName 實作了。Book 的程式必須將使用 Author 的地方換成 Named。最後,這會產生圖 5-11 的模組結構。這種做法額外的好處是,現在我們不需要匯出 javamodularity.authors 套件了。

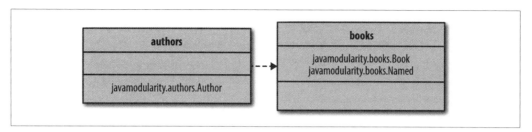

圖 5-11　用 Named 介面來打開循環依賴關係

這當然不是唯一的解決方式。在大型的系統中，如果有多個其他的組件同樣使用 Author 的話，你也可以將 Named 介面放在它自己的模組中。對這個例子而言，這種做法會造成三角依賴關係圖，讓 Named 成為上面的模組，而 books 與 authors 模組都指向它。

一般來說，介面在拆開循環依賴關係時扮演重要的角色。介面是 Java 最強大的抽象手段之一。它們可讓依賴模式反轉，藉此拆開循環。

直到目前為止，我們都假設我們已經知道確切的循環依賴關係。但是，如果循環是間接的，而且需要經過許多步驟才會出現，你會很難發現它們。有些工具（例如 SonarQube（*http://sonarqube.org*））可以協助你找出既有程式中的循環依賴關係。請善用它們。

選擇性依賴關係

模組化應用程式的特徵之一，就是它的明確依賴關係圖。到目前為止，你已經知道如何透過模組描述項內的 requires 陳述式來建構這種圖表了。但是如果有個模組在執行期不是絕對必要的，而是最好可以擁有時，該怎麼辦？

目前有許多框架都是這樣動作的：藉由將一個 JAR 檔案（假設它是 *fastjsonlib.jar*）加到類別路徑，你就可以取得額外的功能。沒有 *fastjsonlib.jar* 時，框架會使用後備機制，或直接不提供增強的功能。就這個範例而言，解析 JSON 可能有點慢，不過仍然可行。框架實質上與 fastjsonlib 有一個選擇性的依賴關係。如果你的應用程式已經在使用 fastjsonlib 了，框架也就會使用它，否則就不會使用。

Spring Framework 是出了名的，擁有許多選擇性依賴關係的框架。例如，它有一個 Base64Utils 輔助類別可委託給 Java 8 的 Base64 類別，或如果它不在類別路徑上時，委託給 Apache Commons Codec Base64 類別。無論執行期的環境為何，Spring 本身都必須針對這兩種實作來編譯。

這種選擇性的依賴關係無法用我們目前知道的模組描述項來表示。你只能透過 requires 陳述式來表達編譯期或執行期的單一模組依賴關係圖。

服務（service）提供這種彈性，它也是處理應用程式內的選擇性依賴關係的好方法，你將會在第 104 頁的 "使用服務來實作選擇性依賴關係" 中看到。但是，服務會被綁定 ServiceLoader API，這對既有的程式而言可能是侵入性的修改。因為框架與程式庫通常會採用選擇性依賴關係，它們應該不希望強迫使用者使用服務 API。如果你不想要採用服務，可以使用模組系統的另一種功能來建立選擇性依賴關係模型：編譯期依賴關係。

編譯期依賴關係

顧名思義，編譯期依賴關係是只會在編譯期間 require 的依賴關係。你可以將 static 修飾詞加入 requires 子句來表示編譯期依賴關係，見範例 5-5。

範例 5-5　宣告編譯期依賴關係（➡ *chapter5/optional_dependencies*）

```
module framework {
  requires static fastjsonlib;
}
```

加入 static 後，fastjsonlib 模組在編譯時就必須存在，但是在執行框架時不用存在。從模組使用者的觀點來看，這實質上會讓 fastjsonlib 成為 framework 的選擇性依賴關係。

 編譯期依賴關係也有其他的用法。例如，模組可能會匯出只在編譯過程中使用的 Java 註釋。require 這種模組不應該導致執行期依賴關係，所以 requires static 最適合在這種情況下使用。

當然，有一個問題是，當 framework 在執行時找不到 fastjsonlib 會發生什麼事情？我們來研究一下，當 framework 使用直接從 fastjsonlib 匯出的 FastJson 類別時的情況：

```
package javamodularity.framework;

import javamodularity.fastjsonlib.FastJson;
```

```
public class MainBad {

  public static void main(String... args) {
    FastJson fastJson = new FastJson();
  }

}
```

在這個案例中,執行 framework 時,如果沒有 fastjsonlib,會導致 NoClassDefFound
Error。解析器不會抱怨缺少的 fastjsonlib 模組,因為它是只存在於編譯期的依賴
關係。不過,我們會在執行期得到錯誤,因為在這個例子中,framework 顯然需要
FastJson。

表達編譯期依賴關係的模組應負責防止這種問題在執行期發生。這代表 framework
必須針對因為編譯期依賴關係而使用的類別編寫防禦性程式。像 MainBad 那樣直
接參考 FastJson 是有問題的,因為 VM 一定會試著載入類別並將它實例化,導致
NoClassDefFoundError。

幸運的是,Java 有類別惰性載入語法,會在最終的時間載入類別。如果我們可以試探性
地使用 FastJson 類別,並且在它無法被使用時優雅地恢復,就可以達成我們的目標。藉
由使用適當的 try-catch 區塊來反射,framework 就可以避免執行期錯誤:

```
package javamodularity.framework;

import javamodularity.fastjsonlib.FastJson;

public class Main {

  public static void main(String... args) {
    try {
      Class<?> clazz = Class.forName("javamodularity.fastjsonlib.FastJson");
      FastJson instance =
        (FastJson) clazz.getConstructor().newInstance();
      System.out.println("Using FastJson");
    } catch (ReflectiveOperationException e) {
      System.out.println("Oops, we need a fallback!");
    }
  }

}
```

我們可以用 catch 來作為找不到 FastJson 類別時的應變機制。另一方面，如果 fastjsonlib 存在，我們可以在反射實例化之後，正常地使用 FastJson。

 requires static fastjsonlib 子句不會讓 fast jsonlib 在執行期被解析，就算 fastjsonlib 在模組路徑上也是如此！你必須對 fastjsonlib 直接使用 requires 子句，或透過 --add-modules fastjsonlib 來將它加為根模組，它才會被解析，讓 framework 可以讀取與使用它。

用這種方式來防衛每一個與每一次類別的使用是很痛苦的事情。惰性載入也代表類別被載入的時間點可能會出乎你的意料。類別內的靜態初始化區塊是其中一個臭名昭著的例子。當你採取這種做法時，應該將它視為一種警訊，說明 requires static 或許不是建立模組之間的選擇性耦合的最佳方式。

當你的模組使用編譯期依賴關係時，請試著將使用這些選擇性型態的程式集合在模組的某個部分。將所有以選擇性依賴關係（直接）參考的型態放在一項層類別，寫防衛程式來守護那個類別的實例化。透過這種方式，模組就不會四處充斥防禦程式。

requires static 還有其他的合法用途，例如，用來參考其他模組的（只限）編譯期註釋。requires 子句（沒有 static）也會造成該依賴關係在執行期被 require。

有時類別的註釋只會在編譯期被使用—例如，用來執行靜態分析（例如檢查 @Nullable 或 @NonNull），或將一個型態標記為生成程式碼的輸入。當你在執行期檢索某個元素的註釋，且該註釋類別不存在時，JVM 會優雅地退回，不會丟出任何類別載入例外。但是，你必須可在編譯程式時操作註釋型態。

我們來看一個虛構的、可放在實體上的 @GenerateSchema 註釋。在組建期，這些註釋會被用來根據類別簽章來尋找生成資料庫結構描述（schema）的類別。這個註釋在執行期不會被使用。因此，我們希望用 @GenerateSchema 來註釋的程式不要在執行期 require schemagenerator 模組（它會匯出註釋）。假設範例 5-6 的類別在模組化的應用程式裡面。

範例 5-6　被註釋的類別（➥ *chapter5/optional_dependencies_annotations*）

```
package javamodularity.application;

import javamodularity.schemagenerator.GenerateSchema;
```

```
@GenerateSchema
public class BookEntity {

  public String title;
  public String[] authors;

}
```

應用程式的模組描述項應該有緊密的編譯期依賴關係：

```
module application {
  requires static schemagenerator;
}
```

在 application 中，也有個主類別會實例化 BookEntity，並且試著取得該類別的註釋：

```
package javamodularity.application;

public class Main {
  public static void main(String... args) {
    BookEntity b = new BookEntity();
    assert BookEntity.class.getAnnotations().length == 0;
    System.out.println("Running without annotation @GenerateSchema present.");
  }
}
```

當你執行應用程式卻沒有 schemagenerator 模組時，一切都可正常運行：

```
$ java -ea --module-path out/application \
        -m application/javamodularity.application.Main
Running without annotation @GenerateSchema present.
```

（ -ea 旗標可在 JVM 中啟用執行期判斷提示。）

在執行期缺少 schemagenerator 不會產生類別載入或模組解析問題。在執行期缺少模組是有可能發生的，因為它是編譯期依賴關係。之後，一如往常，JVM 可以在執行期優雅地處理註釋類別的缺少。呼叫 getAnnotations 會回傳一個空陣列。

但是，如果我們明確地加入 schemagenerator 模組，@GenerateSchema 就會被發現並回傳：

```
$ java -ea --module-path out/application:out/schemagenerator \
        -m application/javamodularity.application.Main
Exception in thread "main" java.lang.AssertionError
        at application/javamodularity.application.Main.main(Main.java:6)
```

因為現在 @GenerateSchema 註釋被回傳,所以 AssertionError 會被丟出。註釋陣列已經不是空的了。

與之前的編譯期依賴關係範例不同,我們不需要用防禦程式來處理執行期註釋型態的缺少。JVM 已經會在類別載入與反射讀取註釋時負責這件事。

你也可以在使用 transitive 的 requires 裡面使用 static 修飾詞:

```
module questionable {
  exports questionable.api;
  requires transitive static fastjsonlib;
}
```

如果被匯出的套件的內容會參考選擇性的依賴項目的型態,你就必須做這件事。static 可以與 transitive 一起使用不代表這是件好事。它會把防禦的責任交給 API 的使用者,這當然不符合不產生意外的原則。事實上,之所以可以如此結合修飾詞,唯一的理由是你可以藉由使用這個模式,來進行舊有程式碼的模組化。

選擇性依賴關係可以藉由 requires static 來達成,但是模組系統的服務可做得更好!

使用服務來實作選擇性依賴關係

你可以使用編譯期依賴關係來建立選擇性依賴關係模型,但需要勤奮地使用反射來守護類別載入。此時比較適合使用服務。你已經在第 4 章看過,服務使用者可以從服務供應模組取得零或多個服務型態的實作。取得零或一個服務實作只是這種通用機制的特例。

我們來使用選擇性的 fastjsonlib,在之前的 framework 範例中採用服務。先提醒你,我們會先從一個不成熟的重構開始,再用幾個步驟來將它改善成真正的解決方案。

在範例 5-7,framework 變成 fastjsonlib 所提供的選擇性服務的使用方。

範例 5-7　使用服務,它在執行期可能可以使用,也可能不行(➡ chapter5/optional_dependencies_service)

```
module framework {
  requires static fastjsonlib;
  uses javamodularity.fastjsonlib.FastJson;
}
```

藉由 uses 子句，我們可以在框架程式中使用 ServiceLoader 來載入 FastJson：

```
FastJson fastJson =
  ServiceLoader.load(FastJson.class)
              .findFirst()
              .orElse(getFallBack());
```

我們已經不需要用反射來取得 FastJson 了。如果 ServiceLoader 沒有找到服務（也就是 findFirst 回傳一個空的 Optional），我們假設可以用 getFallBack 來取得一個應變實作。

當然，fastjsonlib 必須提供我們有興趣的類別來作為服務：

```
module fastjsonlib {
  exports javamodularity.fastjsonlib;
  provides javamodularity.fastjsonlib.FastJson
      with javamodularity.fastjsonlib.FastJson;
}
```

使用這種設置，使用 uses 與 provides 子句的解析器甚至不需要明確地加入 fastjsonlib 就可以解析它。

不過，這樣將單純的編譯期依賴關係改寫為服務會產生一些尷尬的問題。首先，將類別直接公開成服務，而不是公開介面並隱藏實作的做法有點奇怪。這個問題可藉由將 FastJson 拆成被匯出的介面與被封裝的實作來解決。這種改寫方式也可讓框架實作一個有相同介面的應變類別。

當你試著在沒有 fastjsonlib 的情況下執行 framework 時，會出現更大的問題。畢竟，fastjsonlib 被視為是選用的，所以這是可能會發生的情況。當 framework 啟動，但 fastjsonlib 不在模組路徑上時，會出現以下的錯誤：

```
Error occurred during initialization of VM
java.lang.module.ResolutionException: Module framework does not read a module
  that exports javamodularity.fastjsonlib
```

你不能對一個無法在執行期讀取的型態使用 uses 來宣告服務依賴關係，無論是否有個供應方模組。最直接的解決方案是將對於 fastjsonlib 的編譯期依賴關係改成一般的依賴關係（沒有 static 的 requires）。但是，這不是我們要的：對於程式庫的依賴關係應該是選擇性的。

此時，我們必須做更具侵入性的重構。我們可以開始清楚地看到，若要讓這個服務設定生效，並不是介於 framework 與 fastjsonlib 之間的所有的東西都可以是選擇性的。為什麼要將 FastJson 介面（假設我們將它改寫為介面）放在 fastjsonlib 裡面？畢竟，框架是決定想要使用的功能的人。功能是選擇性地由程式庫或框架本身的應變程式提供的。認識這一點之後，我們就可以知道應該將介面放在 framework 內，還是放在一個單獨的 API 模組來讓框架與程式庫共用。

這是一種侵入性的重新設計。它幾乎顛倒框架與程式庫之間的關係。程式庫必須要求框架（或它的 API 模組）實作一個介面，並提供服務的實作，而非讓框架選擇性地 require 程式庫。但是，如果這種新設計可被撤消，就可以讓框架與程式庫之間有個優雅的解耦互動。

模組版本控制

談到框架與程式庫的模組，難免會產生關於版本控制的問題。模組是可獨立部署與重複使用的單位。應用程式是藉由結合正確的部署單位（模組）來建構的。只靠模組名稱，並不足以選擇正確的模組來一起工作。你也需要版本資訊。

Java 模組系統的模組無法在 *module-info.java* 內宣告版本。但是，當你建立模組化 JAR 時，可以附加版本資訊。你可以使用 jar 工具的 --module-version=<V> 旗標來設定版本。版本 V 會被設為編譯後的 *module-info.class* 的屬性，可在執行期使用。為你的模組化 JAR 加入版本是良好的做法，尤其是本章稍早談過的 API 模組。

語義版本控制

你有許多種方式可以控制模組版本。版本控制最重要的目標是將改變程式後，會造成的影響告訴模組的使用者。新版本是否可以安全地取代之前的版本？模組的 API 是否有任何改變？語義版本控制（*http://semver.org*）可將版本控制系統正式化，許多人都已經理解它，並使用它了：

```
MAJOR.MINOR.PATCH
```

有破壞性的更改時，例如改變介面中的方法簽章，就要改變 MAJOR 版本部分。改變具備回溯相容的公用 API，例如將一個方法加入一個公用類別，要更改版本字串的 MINOR 部分。最後，PATCH 部分要在變更實作的細節時遞增，或許是修正 bug，或將程式最佳化。無論如何，PATCH 的遞增應可以安全地替代之前版本。

注意，決定某項改變究竟是主要的（major）或次要的（minor）並不一定都很簡單。例如，將一個方法加入一個介面時，唯有在介面的使用者應該實作它時，才是主要的改變。如果介面只會被使用方呼叫（而不是實作），使用方就不會在加入方法後出問題。更複雜的是，介面的 default 方法（在 Java 8 加入的）即使在第一種情況下，也會讓 "將方法加入介面" 這件事變成次要的改變。重點在於，你一定要從模組的使用者的角度來思考。模組的新版本應該反應新的改變對模組的使用者造成的影響。

模組解析與版本控制

雖然你可以在模組化 JAR 加入版本，但模組系統（尚）未以任何方式使用它。模組完全是用名稱來解析的。這很奇怪，因為我們知道，當你要決定同時使用哪些模組可以得到最好的結果時，版本會扮演重要的角色。在模組解析的過程中忽略版本不是一種疏忽，而是 Java 模組系統故意設計的。

人們經常爭論如何指定部署單位的版本，版本字串的語法與語義是什麼？你要為依賴關係指定版本範圍嗎？或只指定確切的版本？就後者而言，如果你最後同時 require 兩個版本，會發生什麼事情？這些衝突都必須解決。

有一些工具與框架（例如 Maven 與 OSGi）針對這些問題都有選擇性的答案。事實上，這些選擇版本的演算法，以及相關的衝突解決方法，都很複雜，而且（有時很細微）彼此不同。這就是目前 Java 模組系統在模組解析程序中避開版本選擇的原因。無論 Java 採取何種策略，它都會被深植在模組系統中，進而影響編譯器、語言規格與 JVM。無法讓它正確動作的代價太高了。因此，模組描述項的 requires 子句只會接收模組名稱，不接收模組版本（或範圍）。

這仍然為我們開發者帶來挑戰。我們該如何選擇正確的模組版本，將它放在模組路徑上？答案令人驚訝地簡單，雖然可能無法讓人滿意：就像我們之前使用類別路徑一樣，讓既有的組建工具選擇與取得正確的依賴關係版本。Maven 與 Gradle 等工具處理的方式是將依賴版本資訊放在一個外部的 POM 檔案中。其他的工具可能會使用其他的方法，不過事實就是，這種資訊必須存放在模組外面。

圖 5-12 是組建一個來源模組 application 的步驟，這個模組會依賴另外兩個模組化 JAR（lib 與 foo）。在組建期，組建工具會使用 POM 檔案的資訊，從存放區下載正確的依賴關係版本。組建工具的衝突解決演算法必須處理過程中發生的任何版本衝突。被下載的模組化 JAR 會被放在模組路徑來編譯。接著，Java 編譯器會根據模組路徑上與應用程式本身的模組資訊描述項來解析模組圖。第 11 章會更深入討論既有的組建工具如何處理模組。

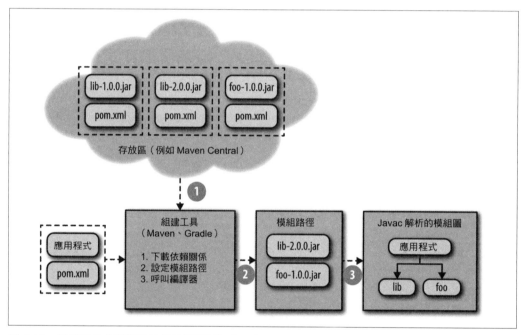

圖 5-12　組建工具會選擇正確的依賴關係版本，放在模組路徑上

❶ Maven 或 Gradle 這類的組件工具會從 Maven Central 之類的存放區下載依賴關係。組建描述檔（例如 *pom.xml*）裡面的版本資訊控制了要下載的版本。

❷ 組建工具會用下載的版本來設定模組路徑。

❸ 接著，Java 編譯器或 runtime 會從模組路徑解析模組圖，它含有可讓應用程式運作的正確版本，不會有重複的版本。重複的模組版本會產生錯誤。

Java 模組系統可確保編譯時所有必要的模組都存在，並且透過模組解析程序來執行應用
程式。但是，模組系統不在乎被解析的是模組的哪個版本。只要模組有正確的名稱，它
就會被解析。此外，如果它在模組路徑的目錄中發現多個相同名稱的模組（但可能是不
同的版本），就會產生錯誤。

> 如果在模組路徑的不同目錄中有兩個名稱相同的模組，解析器會使用它
> 第一次遇到的那一個，忽略第二個。這種情況不會產生任何錯誤。

有時在實際的情況下，需要讓同一個模組同時擁有多個版本。我們已經看過，在預設情
況下，從模組路徑啟動應用程式時，無法採取這種方案。這類似模組系統問世之前的情
況。在類別路徑上，兩個不同版本的 JAR 可能會造成未定的執行期行為，這是很糟糕的
事情。

強烈建議你在應用程式的開發過程中，找到一種方法，讓單一模組版本有一致的依賴關
係。通常需要同時執行同一個模組的多個版本的原因都是懶惰，而不是迫切的需求。在
開發通用、容器式應用程式時，則不一定如此。在第 6 章，你會看我們可以藉由一個較
複雜的模組系統 API 來解析同一個模組的多個版本，在執行期建構模組圖。另一種做法
是採用既有的模組系統，例如 OSGi，它立即就可讓你同時執行多個版本。

資源封裝

我們已經花了大量的時間來討論模組強力封裝程式碼的機制了。雖然程式是最直接的強
力封裝對象，但是應用程式的資源通常比程式多。資源包含翻譯（當地語系化的資源
包）的檔案、配置檔、使用者介面會用到的影像，等等。你也可以將這些資源封裝在模
組中，將它們與使用資源的程式放在一起。讓模組與其他模組的資源有緊密的關係，就
像依賴私用的實作類別一樣糟糕。

歷史上，類別路徑上的資源甚至比程式更容易被所有人自由使用，因為資源沒有讀取修
飾詞可用。任何類別都可以讀取在類別路徑上的任何資源。但是藉由模組，這項事實改
變了。預設情況下，模組的套件內的資源會被強力封裝。這些資源只能被模組內的程式
使用，如同未被匯出的套件內的類別。

但是，許多工具與框架都會尋找資源，無論它們來自何處。框架可能會掃描某些配置檔（例如 Java EE 的 *persistence.xml* 或 *beans.xml*），或利用應用程式碼的資源。所以我們必須讓模組內的資源可被其他的模組讀取。為了優雅地處理這些情況，並維持回溯相容性，有許多例外被加入模組的封裝資源的預設項目。

首先，我們要來看一下，在同一個模組內部載入資源的情形。接下來，我們要來瞭解模組如何共用資源，以及目前有哪些強力封裝的預設例外。最後，我們把焦點放在載入資源的特殊情況：ResourceBundles。這種機制主要的用途是做當地語系化，並且已經被更新過，可供模組系統使用。

從模組載入資源

以下的範例有個已編譯的模組 firstresourcemodule，裡面有程式碼與資源：

```
firstresourcemodule
├── javamodularity
│   └── firstresourcemodule
│       ├── ResourcesInModule.class
│       ├── ResourcesOtherModule.class
│       └── resource_in_package.txt
├── module-info.class
└── top_level_resource.txt
```

這個範例有兩項資源、兩個類別與模組描述項：resource_in_package.txt 與 top_level_resource.txt。我們假設資源是在組建過程中被放入模組的。

資源通常是用 Class API 提供的資源載入方法來載入的。在模組中也可以這樣做，見範例 5-8。

範例 5-8　在模組中載入資源的各種方式（➥ chapter5/resource_encapsulation）

```
public static void main(String... args) throws Exception {
    Class clazz = ResourcesInModule.class;
    InputStream cz_pkg = clazz.getResourceAsStream("resource_in_package.txt"); ❶
    URL cz_tl = clazz.getResource("/top_level_resource.txt"); ❷

    Module m = clazz.getModule(); ❸
    InputStream m_pkg = m.getResourceAsStream(
      "javamodularity/firstresourcemodule/resource_in_package.txt"); ❹
    InputStream m_tl = m.getResourceAsStream("top_level_resource.txt"); ❺
```

```
        assert Stream.of(cz_pkg, cz_tl, m_pkg, m_tl)
                    .noneMatch(Objects::isNull);
    }

  }
```

❶ 使用 Class::getResource 來讀取資源，可解析出含有類別所屬套件的名稱（在此是 javamodularity.firstresourcemodule）。

❷ 在讀取頂層資源時，你必須在最前面加上正斜線，來避免用相對的位置來解析資源名稱。

❸ 你可以從 Class 取得 java.lang.Module 實例，代表類別的來源模組。

❹ Module API 加入新的方式來從模組取得資源。

❺ 這個 getResourceAsStream 方法也可用於頂層資源。Module API 一定會採用絕對名稱，所以頂層資源的最前面不需要使用正斜線。

所有的方法都可用來載入同一個模組內的資源。你不需要為了載入資源而改變既有的程式。只要你呼叫 getResource{AsStream} 的 Class 實例屬於含有資源的模組，就可以取得正確的 InputStream 或 URL。另一方面，當 Class 實例來自其他的模組時，你就會因為資源封裝而得到 null。

 你也可以用 ClassLoader::getResource* 方法來載入資源。在模組環境中，你最好使用 Class 與 Module 的方法。ClassLoader 的方法不像 Class 與 Module 的方法，會考慮目前的模組環境，這可能會造成令人困惑的結果。

我們也有一種載入資源的新方法可用。它使用新的 Module API，我們會在第 124 頁的 "反射模組" 進一步討論。Module API 公開 getResourceAsStream 來從模組載入資源。你可以將套件名稱中的句點換成正斜線，並加上檔案名稱，以絕對定位的方式來參考套件中的資源。例如，將 javamodularity.firstresourcemodule 變成 javamodularity/firstresourcemodule。加入檔名之後，載入套件中的資源的引數會變成 javamodularity/firstresourcemodule/resource_in_package.txt。

在同一個模組中的任何資源，無論它在套件中，還是在頂層，都可以用目前為止討論過的方法來載入。

載入別的模組的資源

如果你得到一個代表別的模組的 Module 實例時會發生什麼事？你可能認為，你可以對這個 Module 實例呼叫 getResourceAsStream，並讀取別的模組裡面的所有資源。因為資源被強力封裝，事實並非（總是）如此。這條規則有幾個例外，所以我們在範例中新增一個模組 secondresourcemodule，來討論各種情況：

```
secondresourcemodule
├── META-INF
│   └── resource_in_metainf.txt
├── javamodularity
│   └── secondresourcemodule
│       ├── A.class
│       └── resource_in_package2.txt
├── module-info.class
└── top_level_resource2.txt
```

我們假設 firstresourcemodule 與 secondresourcemodule 的模組描述項都是空的，代表沒有套件被匯出。我們有一個含有類別 A 與一項資源的套件，一個頂層的資源，以及在 *META-INF* 內的一個資源。當你閱讀以下的程式時，請記得，資源封裝只限模組的套件裡面的資源。

我們要試著從 firstresourcemodule 裡面的類別讀取這些 secondresourcemodule 裡面的資源：

```
Optional<Module> otherModule =
    ModuleLayer.boot().findModule("secondresourcemodule"); ❶

otherModule.ifPresent(other -> {
  try {
      InputStream m_tl = other.getResourceAsStream("top_level_resource2.txt"); ❷
      InputStream m_pkg = other.getResourceAsStream(
          "javamodularity/secondresourcemodule/resource_in_package2.txt"); ❸
      InputStream m_class = other.getResourceAsStream(
          "javamodularity/secondresourcemodule/A.class"); ❹
      InputStream m_meta =
          other.getResourceAsStream("META-INF/resource_in_metainf.txt"); ❺
      InputStream cz_pkg =
        Class.forName("javamodularity.secondresourcemodule.A")
            .getResourceAsStream("resource_in_package2.txt"); ❻

      assert Stream.of(m_tl, m_class, m_meta)
                  .noneMatch(Objects::isNull);
      assert Stream.of(m_pkg, cz_pkg)
                  .allMatch(Objects::isNull);
```

```
    } catch (Exception e) {
        throw new RuntimeException(e);
```

❶ 你可以透過啟動層（*boot layer*）取得一個 Module。下一章會介紹它的 Module Layer API。

❷ 你一定可以載入別的模組的頂層資源。

❸ 在預設情況下，其他模組的套件裡面的資源會被封裝，所以這會回傳 null。

❹ 產生 .class 檔案造成的例外；它們一定可以被其他的模組載入。

❺ 因為 *META-INF* 不是合法的套件名稱，那個目錄裡面資源也可以被操作。

❻ 雖然我們可以藉由使用 Class::forName 來取得 Class<A> 實例，但透過它來載入被封裝的資源也會回傳 null，如同 (3)。

資源封裝只針對套件內的資源，不過類別檔案資源（結尾是 .class）除外；即使它們在套件內也不會被封裝。所有其他資源都可以被其他的模組自由地使用。**可以**不代表你**應該**這樣做。依賴其他模組的資源並不是模組化的做法，你最好只從同一個模組載入資源。當你確實需要使用其他模組的資源時，考慮透過被匯出的類別裡面的方法來匯出資源的內容，甚至使用服務，如此一來，你就可以在模組描述項中清楚看到依賴關係。

公開套件內的資源

你可以使用**開放模組**（*open modules*）或**開放套件**（*open packages*）來公開被封裝在套件裡面的資源給其他的模組使用。這些概念會在第 118 頁的 "開放模組與套件" 中介紹。你可以像沒有資源封裝一樣，載入在開放模組或套件中的資源。

使用 ResourceBundles

ResourceBundles 是在 JDK 本身中，"透過服務來匯出資源" 的具體案例。ResourceBundles 提供一種機制來讓當地語系化成為 JDK 的一部分。它們實質上會被列成某個地區專屬的鍵值配對。你可以自行實作 ResourceBundle 介面，或者使用（舉例）特性檔。後者很方便，因為這個機制預設可讓你遵循預先定義的格式來載入特性檔，如範例 5-9 所示。

範例 5-9　用 *ResourceBundle* 機制來載入的特性檔，其中 *Translations* 是使用者定義的基礎名稱

```
Translations_en.properties
Translations_en_US.properties
Translations_nl.properties
```

接著你會載入一個特定地區的包裹，並取得鍵的翻譯。

```
Locale locale = Locale.ENGLISH;
ResourceBundle translations =
    ResourceBundle.getBundle("javamodularity.resourcebundle.Translations",
                             locale);
String translation = translations.getString("modularity_key");
```

翻譯特性檔位於模組的套件內。在之前，getBundle 實作可以掃描類別路徑來找出要載入的檔案，接著按區域來選擇最合適的特性檔，無論它來自哪個 JAR。

> 本書不解釋 ResourceBundle::getBundle 如何根據基礎名稱與區域來選擇正確的包裹。如果你不熟悉這個過程，ResourceBundle JavaDoc 有詳細的資源，說明它如何採用應變機制來載入最具體的檔案。你將會發現，除了特性檔之外，它還支援額外的類別基礎格式。

使用模組後，我們就沒有類別路徑需要掃描了。而且你已經看過，模組內的資源是被封裝的。只有位於呼叫 getBundle 的模組內的檔案才會被考慮。

將不同區域的翻譯放在個別的模組是可行的做法。在此同時，開放這些模組或套件（見第 113 頁的 "公開套件內的資源"）所造成的影響，比只是公開資源還要大。這就是 Java 9 為 ResourceBundles 加入服務式機制的原因。它採用一種稱為 ResourceBundleProvider 的新介面，介面裡面有一個方法，它的簽章是 ResourceBundle getBundle(String basename, Locale locale)。如果有模組想要提供額外的翻譯，它可以實作這個介面，並將它註冊為服務。接著這個實作可以在模組內找到正確資源並回傳它，或是如果在模組內沒有適合指定區域的翻譯，則回傳 null。

使用這種模式，你可以藉由加入模組來為應用程式擴展支援的區域。只要它註冊一個 ResourceBundleProvider 實作，透過 ResourceBundle::getBundle 來請求翻譯的模組就會自動取得這個實作。你可以在本章的程式中找到完整的範例（➡ *chapter5/resourcebundles*）。

第六章

進階的模組化模式

上一章介紹開發模組化應用程式的一般設計準則與模式。這一章要討論的是可能無法應用在日常開發上的進階模式與模組系統 API。不過，它是模組系統很重要的部分。因為模組系統是要讓應用程式的開發者直接使用的，而且，它是一種基礎，可讓其他的框架在這個基礎上建構。進階的 API 主要圍繞著這種用途。

下一節會探討許多程式庫與框架都需要的反射。開放模組與套件的目的，是為了在執行期鬆開強力封裝。它也是在遷移時很重要的功能，所以第 8 章會再次討論它。

討論開放模組與套件之後，我們把重心移往動態擴展應用程式的模式。考慮一下外掛系統或應用程式容器。這些系統的核心挑戰是在執行期加入模組，而非只是處理模組路徑上的固定模組配置。

 如果你是第一次學習模組系統，可以放心地跳過這一章的後半部分。就算沒有使用較動態且進階的模組系統功能，大部分的應用程式都可以十分良好地運行。當你獲得更多一般的模組化經驗之後，可以隨時回來進一步瞭解這些功能。

再探強力封裝

我們在之前的章節用很多篇幅討論強力封裝的優點。總之，嚴格地區分哪些是公開、被匯出的 API，哪些不是，是有好處的。但是在實務上，有時這條界線無法明確地畫出。許多現存的程式庫與框架都需要使用你的應用程式的實作類別來完成它們的工作。例如序列化程式庫、物件關係對應器，與依賴注入框架，這些程式庫都想要操作你原本認為是內部實作細節的類別。

物件關係對映器和序列化程式庫都必須操作實體類別來實例化它們，並對它們填入正確的資料。即使一個實體類別從來沒有離開過模組，ORM 程式庫模組也需要操作它。舉另一個例子，依賴注入框架需要將服務實例注入服務實作類別。只匯出介面是不夠的。如果將實作類別強力封裝在模組內，那些框架就無法像之前在類別路徑上一樣操作它們。

反射幾乎毫無例外地是這些框架的首選工具。反射是 Java 平台很重要的部分，可讓程式在執行期檢視程式碼。這聽起來有點深奧，因為它原本就如此，在應用程式碼中使用反射不是你應該努力做到的事情。但是，如果沒有反射，許多通用框架（例如 Hibernate 或 Spring）就毫無用處了。但是，正如你在前面的章節中學過的，就連反射，都無法突破模組裡面沒有被匯出的套件四周的強力封裝壁壘。

處理這種問題的錯誤方法是不分青紅皂白地匯出那些套件。將套件匯出，代表各種模組都有可能會編譯與依賴它的 API。這不是我們想要遇到的情況。我們需要一種機制來指明一些程式庫可在**執行期**（反射）操作特定的型態。

深層反射

要讓傳統的反射式程式庫與強力封裝有良好的互動，我們要處理兩個彼此衝突的問題：

- 能夠在不匯出套件的情況下，讓外界操作內部的型態。
- 能夠反射操作這些型態的所有部分。

我們要先仔細討論第二個問題。假設我們要匯出一個套件，讓程式庫可以操作它。你已經知道，這代表我們只對這些套件的公用型態進行編譯。但是難道這也代表我們可以在執行期使用反射來闖入這些型態的私用部分嗎？許多程式庫都使用這種**深度反射**做法。例如，Spring 或 Hibernate 會將值注入類別的非公開欄位。

回到我們的問題：你可以對被匯出的套件的公開型態做深度反射嗎？答案是否定的，實際上，就算某個型態是被匯出的，也不代表你可以無條件地用反射闖入那些型態的私用部分。

從模組化的觀點來看，這是正確的做法。如果隨便一個模組都**可以**闖入被匯出的型態的私用部分，它們**就會**這麼做，讓這些私用的部分變成官方 API 的一部分。如第 30 頁的 "在不使用模組的情況下使用模組化的 JDK" 所述，JDK 本身就已經出現這種情況了。

防止別人操作非公用的部分並非只是關於 API 的衛生問題：私用領域往往是因為很好的原因而被設為私用。例如，在 JDK 有一個管理金鑰與憑證的 java.security.KeyStore 類別。這個類別的作者特別不希望任何人讀取防衛機密的私用欄位！

模組不可以使用被匯出的型態來反射非公開的部分。Java 是以可在反射物件上使用的 setAccessible 方法來進行深度反射的。有一些檢查會阻擋你讀取不可讀取的部分，但它會繞過這種檢查。在模組系統與強力封裝出現之前，setAccessible 基本上不會失敗。但是在模組系統中，規則已經改變了。圖 6-1 展示有哪些情況已經失效了。

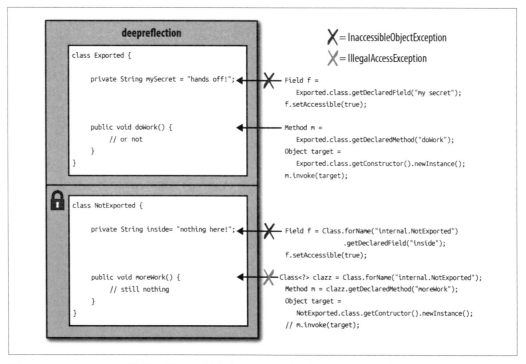

圖 6-1　deepreflection 模組會匯出一個含有 Exported 類別的套件，並封裝 NotExported 類別。程式片段（假設在其他的模組）展示反射只能操作被匯出的型態的公用部分。你只能用反射來操作 Exported::doWork，其他的部分都會產生例外

因此，目前的情況是，許多熱門的程式庫都想要執行深層反射，無論型態被匯出與否，但因為強力封裝，所以它們不能這麼做。而且就算實作類別被匯出，它們也無法對非公用部分做深層反射。

開放模組與套件

我們需要讓型態在執行期可被深層反射接觸，但不匯出它們。框架可以藉由這種功能繼續執行它們的工作，同時讓強力封裝在編譯期仍然有效。

開放模組提供這種功能的組合。當模組被開放時，它的型態在執行期都可以被其他的模組深層反射。這種特性無論是否有套件被匯出都是有效的。

我們可在模組描述項中加入 open 關鍵字來開放模組：

```
open module deepreflection {
  exports api;
}
```

當模組被開放時，在圖 6-1 中失敗的所有模式都會消失，見圖 6-2。

open 關鍵字會開放模組的所有套件以供深層反射。套件除了會被開放之外，也會被匯出，就像這個範例含有 Exported 類別的 api 套件。任何模組在呼叫 setAccessible 之後，都可以用反射來操作 Exported 或 NotExported 的非公開元素。當你對 deepreflection 模組的型態採取反射時，模組的可讀性是 JVM 預設的，所以你不需要編寫任何特殊的程式來讓它生效。在編譯期，NotExported 仍然是不可操作的，但因為模組描述項的 exports 子句，Exported 是可操作的。從應用程式開始者的角度來看，NotExported 在編譯期仍然被強力封裝。從框架的角度來看，NotExported 在執行期是可自由操作的。

 Java 9 為反射物件加入兩種新方法：canAccess 與 trySetAccessible（它們被定義在 java.lang.reflect.AccessibleObject 裡面）。這些方法會考慮 "深層反射並非總是被允許的" 這種新情況。你可以改採這些方法，來處理 setAccessible 造成的例外。

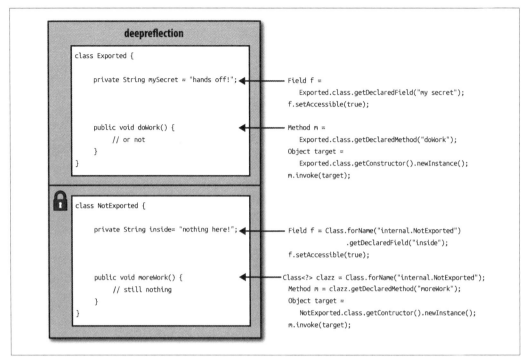

圖 6-2　使用開放模組後，所有套件內的所有型態在執行期都開放深層反射。當你從其他模組執行深層反射時，不會有例外被丟出

開放整個模組有點草率，不過當你無法確定程式庫或框架會在執行期使用哪些型態時，這是方便的做法。因此，在遷移的過程中，當你將模組加入基礎程式時，開放模組可發揮關鍵的作用。第 8 章會更深入討論。

但是，當你知道哪些套件需要開放時（而且在多數情況下，你應該知道），可以在一般的模組中選擇性地開放它們：

```
module deepreflection {
  exports api;
  opens internal;
}
```

留意在 module 關鍵字前面沒有 open。這個模組的定義與之前的開放模組的定義**不是**等效的。這個案例中，只有 internal 套件內的型態是開放深層反射的。模組匯出了 api 內的型態，但沒有開放它被深層反射。在執行期，這個模組定義提供比完全開放的模組還要強力的封裝，因為你無法對套件 api 內的型態做深層反射。

如果我們也開放 api 套件，會讓這個模組定義與開放模組等效：

```
module deepreflection {
  exports api;
  opens api;
  opens internal;
}
```

套件可同時被匯出與開放。

 在實務上，這個組合有點尷尬。請試著將被匯出的套件設計成不需要讓其他的模組對它們執行深層反射。

opens 可以像 exports 一樣限定：

```
module deepreflection {
  exports api;
  opens internal to library;
}
```

這個語義如你預期：只有 library 模組可以對套件 internal 的型態執行深層反射。被限定的 opens 可將範圍減少為只有一個或幾個明確提到的模組。當你可以限定 opens 陳述式時，最好執行它。它可以防止任何一個模組透過深層反射來窺探內部的細節。

有時你需要對第三方模組執行深層反射。在某些情況下，程式庫甚至想要以反射來接觸 JDK 平台模組的私用部分。此時你不可能只添加 open 關鍵字並重新編譯模組。為了處理這種情況，Java 命令加入一個命令列旗標：

```
--add-opens <module>/<package>=<targetmodule>
```

這相當於將 module 內的 package 限定 opens 給 targetmodule。例如，如果有個框架模組 myframework 想要使用 java.lang.ClassLoader 的非公開部分，你可以在 Java 命令加入以下的選項來實現：

```
--add-opens java.base/java.lang=myframework
```

這個命令列選項應該視為最終手段，它在你要遷移不是用這個模組系統編寫的程式碼時特別實用。在第二部分，這個選項與其他類似的選項會因為這些需求而再次出現。

依賴注入

開放的模組與套件是支援 Java 模組系統裡面的既有依賴注入框架的閘道。在完全模組化的應用程式中，依賴注入框架需要依賴開放套件來操作未被匯出的型態。

替代反射

Java 9 提供一種方法來取代框架對應用程式的非公開類別成員進行反射操作：MethodHandles 與 VarHandles。後者是 Java 9 透過 JEP 193（*http://openjdk.java.net/jeps/193*）加入的。應用程式可以傳遞 java.lang.invoke.Lookup 以及正確的權限給框架，明確地授權私用的查看能力。之後，框架模組可以使用 MethodHandles.privateLookupIn(Class, Lookup) 來操作應用模組的類別的非公開成員。許多框架應該很快就會使用這種比較有原則且有效率的做法來操作應用程式內部了。你可以在本章的程式中找到這種做法的範例（➡ *chapter6/lookup*）。

為了說明開放模組與套件的抽象概念，我們要來看一個具體的範例。這個範例在一個名為 spruice 的模組中，提供一個虛構的第三方依賴注入框架，而非使用第 4 章談到的服務與模組系統。圖 6-3 是這個範例。它在套件的型態的前面使用一個 "open" 標籤來代表開放套件。

我們的範例程式包含兩個領域：orders 與 customers。顯然它們是不同的模組，customers 領域分為 API 與實作模組。main 模組會使用這兩種服務，但不想要與它們的實作細節耦合。這兩種服務的實作類別都被封裝起來，只匯出介面，而且 main 模組可以接觸它們。

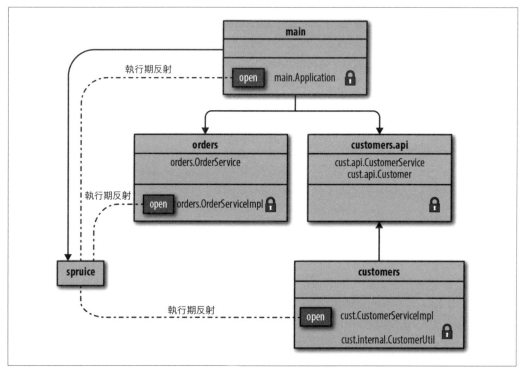

圖 6-3　在這張圖中，main 應用程式對程式庫 spruice 使用依賴注入。模組間的 require 關係以實線表示，在執行期對開放套件內的型態做深層反射則以虛線表示

目前為止的情況很像第 4 章討論服務時談到的做法。main 模組與實作細節良好地解耦。但是，這一次我們不再用 ServiceLoader 來供應與使用服務。我們要用 DI 框架來將 OrderService 與 CustomerService 實作注入 Application。我們會正確地連接服務來明確地設置 spruice，或使用註釋，或結合這兩種做法。@Inject 這類的註釋通常會被用來標識與可注入的實例型態匹配的注入點：

```
public class Application {

  @Inject
  private OrderService orderService;

  @Inject
  private CustomerService customerService;

  public void orderForCustomer(String customerId, String[] productIds) {
    Customer customer = customerService.find(customerId)
    orderService.order(customer, productIds);
```

```
    }

    public static void main(String... args) {
        // 啟動 Spruice 並設定連線
    }
}
```

在 Application 類別的 main 方法使用 spruice API 來啟動 DI 框架，因此，main 方法需要與 spruice 建立關係，來取得它的佈線 API。服務實作類別必須用 spruice 來實例化，並注入被註釋的欄位（建構式注入是另一種可行的替代方案）。接著，Application 就可以接收對於 orderForCustomer 的呼叫了。

與模組系統的服務機制不同的是，spruice 沒有特殊的權限可以將被封裝的類別實例化。我們能做的，就是為需要被實例化或注入的套件添加 opens 子句。如此一來，spruice 就可以在執行期操作這些類別，並在必要時執行深層反射（即，將 OrderServiceImpl 類別實例化與注入 Application 的 orderService 私用欄位）。只在模組內部使用的套件不需要開放，例如 customers 模組的 cust.internal。你可以將 opens 子句限定為只開放給 spruice，不幸的是，這也會將我們的 orders 與 customers 模組與這個特定的 DI 框架綁在一起。未限定的 opens 可以保留改變 DI 實作的空間，而不需要在稍後重新編譯這些模組。

圖 6-3 揭示 spruice 的真面貌：這個模組會接觸我們建構的應用程式幾乎所有的黑暗角落。根據連線配置，它會找到被封裝的實作類別，將它們實例化，接著將它們注入 Application 的私用欄位。在此同時，這個設置也可以讓應用程式良好地模組化，與使用服務與 ServiceLoader 一樣，但不需要使用 ServiceLoader API 來取回服務。它們就像被（反射）魔法注入一樣。

我們失去的是 Java 模組系統可以知道與驗證模組之間的服務依賴關係的能力。在模組描述項中，沒有 provides/uses 子句要驗證。此外，應用程式模組內的套件必須被開放。你可以讓所有的應用程式模組成為開放模組。應用程式開發者不需要為每一個套件做出選擇。當然，這種做法的代價，是會讓每一個應用模組內的所有套件都可在執行期被操作與深層反射。稍微深入瞭解一下你的程式庫與框架所做的事情，你就會發現這個重量級的做法是沒必要的。

在下一節，我們要來看一下針對模組本身的反射。同樣的，這是模組系統 API 的進階用法，應該不會經常出現在一般的應用程式開發上。

反射模組

反射可讓你在執行期將所有的 Java 元素實物化。類別、套件、方法等等都有一種反射表示形式。我們已經看過開放模組可讓你在執行期對這些元素做深層反射。

因為 Java 新增了模組這種結構元素,所以它也必須擴展反射。Java 9 加入 java.lang.Module,可讓你在執行期以程式來查看模組。這個類別的方法分為三種功能:

內觀(*Introspection*)
　　查詢指定的模組的特性。

修改(*Modification*)
　　動態改變模組的特徵。

接觸(*Access*)
　　讀取模組內部資源。

我們已經在第 110 頁的 "從模組載入資源" 中討論過最後一個案例了。在本節的其餘部分,我們要來討論內觀與修改模組。

內觀

java.lang.Module 類別是對模組進行反射的進入點。圖 6-4 是 Module 以及與它有關的類別。它有個 ModuleDescriptor 可在執行期查看 module-info 的內容。

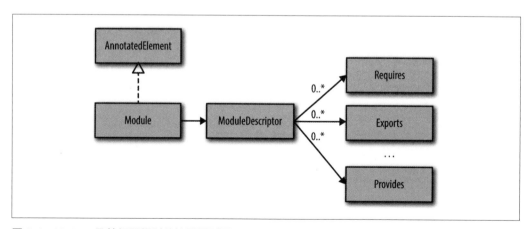

圖 6-4　Module 及其相關類別的簡單類別圖

你可以在模組內部透過 Class 來取得 Module 實例：

```
Module module = String.class.getModule();
```

getModule 方法會回傳含有該類別的模組。在這個例子中，String 類別不意外地來自 java.base 平台模組。在本章稍後，你將會看到透過新的 ModuleLayer API，以名稱來取得 Module 實例的方法，而不需要預先知道在模組中的類別。

我們有幾種方法可以查詢 Module 的資訊，見範例 6-1。

範例 6-1　在執行期檢視模組（➡ *chapter6/introspection*）

```
String name1 = module.getName(); // 在 module-info.java 中定義的名稱
Set<String> packages1 = module.getPackages(); // 列出模組內的所有套件

// 以上的方法都是很方便的方法，
// 它們會回傳 Module 的 ModuleDescriptor 的資訊：
ModuleDescriptor descriptor = module.getDescriptor();
String name2 = descriptor.name(); // 與 module.getName(); 一樣
Set<String> packages2 = descriptor.packages(); // 與 module.getPackages(); 一樣

// 透過 ModuleDescriptor，module-info.java 的所有資訊都會被公開：
Set<Exports> exports = descriptor.exports(); // 所有匯出，可能被限定
Set<String> uses = descriptor.uses(); // 這個模組使用的所有服務
```

以上並非詳盡的範例，它們只是為了說明 *module-info.class* 的資訊都可以藉由 ModuleDescriptor 類別來取得。ModuleDescriptor 的實例是唯讀的（不可變）。例如，你無法在執行期改變模組的名稱。

修改模組

你可以對 Module 執行一些其他的操作，它們會影響模組與它的環境。假設你有個未被匯出的套件，但是根據執行期的決定，你想要匯出它：

```
Module target = ...; // 以某種方式取得你想要對它匯出的模組
Module module = getClass().getModule(); // 取得目前類別的模組
module.addExports("javamodularity.export.atruntime", target);
```

你只能透過 Module API 對特定的模組加上**限定匯出**。目標模組現在可以操作之前被封裝的 javamodularity.export.atruntime 套件裡面的程式碼了。

你可能在想，這是不是安全漏洞：你可以對任意的模組呼叫 addExports，讓它放棄它的安全性嗎？並非如此。當你對著不是目前執行呼叫的任何模組加上匯出時，VM 會丟出例外。你不能使用模組反射 API 在外面提高模組的權限。

呼叫方敏感

如果一個方法被不同對象呼叫時會有不同的行為，它就稱為**呼叫方敏感**（*caller sensitive*）方法。你可以在 JDK 原始程式中發現，addExports 這類的方法被加上 @CallerSensitive 註釋。呼叫方敏感方法可以根據目前的呼叫堆疊找出究竟是哪個類別（與模組）呼叫它們。取得這種資訊的權限，以及它的基礎決策都只保留給 java.base 內的程式（不過 JDK 9 透過 JEP 259 加入的新 StackWalker API（*http://openjdk.java.net/jeps/259*），也為應用程式碼開放這種可能性）。你可以在 setAccessible 的實作找到另一個這種機制的範例，見第 118 頁的 "開放模組與套件" 的說明。在未開放套件的模組中呼叫這個方法會產生例外，但是從一個可執行深層反射的模組呼叫它會成功。

Module 有四種方法可做執行期修改：

addExports(String packageName, Module target)

　　將之前未被公開的套件公開給其他的模組。

addOpens(String packageName, Module target)

　　開放一個套件讓另一個模組做深層反射。

addReads(Module other)

　　新增從目前的模組到另一個模組的讀取關係。

addUses(Class<?> serviceType)

　　指出目前的模組想要以 ServiceLoader 使用額外的服務型態。

這裡沒有 addProvides 方法，因為將編譯期的未知新實作公開是很罕見的使用案例。

瞭解模組的反射 API 是好事。但是，在常規的應用程式開發過程中，只有罕見的情況會使用這個 API。在使用反射前，一定要先試著透過一般的方法來公開模組間的資訊。在執行期使用反射來改變模組的行為已違反 Java 模組系統的理念。當你在編譯期或啟動時不考慮潛在的依賴關係時，會失去模組系統在早期的階段提供的許多保障。

註釋

你可以對模組加上註釋。在執行期，你可以用 java.lang.Module API 來讀取這些註釋。有一些 Java 平台的預設註釋可以用在模組上，例如 @Deprecated 註釋：

```
@Deprecated
module m {

}
```

加上這個註釋可告知模組的使用者：他們該尋求替代方案了。

 在 Java 9，你也可以標記被棄用的元素，指明未來的版本會將它移除：@Deprecated(forRemoval=true)。要進一步瞭解這些增強的棄用功能，你可以閱讀 JEP 277 (*http://openjdk.java.net/jeps/277*)。在 JDK 9 中，有一些平台模組（例如 java.xml.ws 與 java.corba）都被標記為移除。

當你 require 一個被棄用的模組時，編譯器會產生警告。另一個可以用在模組的預設註釋是 @SuppressWarnings。

你也可以定義你自己的模組註釋。為此，Java 定義一個新的目標元素型態 MODULE，見範例 6-2。

範例 6-2　註釋模組（➥ chapter6/annotated_module）

```
package javamodularity.annotatedmodule;

import java.lang.annotation.*;
import static java.lang.annotation.ElementType.*;

@Retention(RetentionPolicy.RUNTIME)
@Target(value={PACKAGE, MODULE})
public @interface CustomAnnotation {

}
```

現在你就可以將這個 CustomAnnotation 用在套件與模組上了。將自訂的註釋用在模組上，揭露了另一件奇怪的事情：模組宣告式可以使用 import 陳述式。

```
import javamodularity.annotatedmodule.CustomAnnotation;

@CustomAnnotation
module annotated { }
```

如果沒有 import 陳述式，模組描述項就無法編譯。或者，你可以直接使用註釋的完整名稱，不使用 import。

你也可以在模組描述項中使用 import 來縮短 uses/provides 子句。

圖 6-4 是 Module 實作 AnnotatedElement 的情形。在程式中，你可以對 Module 實例使用 getAnnotations 來取得含有所有模組註釋的陣列。AnnotatedElement 介面也提供各種其他的方法來找出正確的註釋。

這只在註釋的保留原則被設為 RUNTIME 才有效。

除了 @Deprecated 這種平台定義的註釋之外，最有可能對模組使用註釋的，就是框架（甚至是組建工具）。

容器應用模式

此時，我們進入更進階的模組系統用法。這是重申本章開頭建議的好時機：你可以在第一次學習模組系統時，安全地跳過本章其餘的部分。

知道這一點之後，我們要進入進階的 API 了！到目前為止，我們已經看過作為單一實體的模組化應用程式了。你會收集模組，將它們放在模組路徑上，接著啟動應用程式。雖然多數情況下都是如此，但有另一種應用程式的結構是不同的。

有一種應用程式會扮演其他應用程式的容器，或準備讓第三方擴展功能，所以只定義核心功能的應用程式。就前者而言，你可以將新的應用程式部署到正在執行的容器應用程式裡面。後者通常是用外掛式結構來完成的。就這兩者而言，你不會一開始就有個含有所有模組的模組路徑。在容器應用程式的生命週期中，新的模組可能會來來去去。目前許多這類的應用程式都是用 OSGi 或 JBoss Modules 這種模組系統來建構的。

在這一節，你會看到使用 Java 模組系統來建構這種容器或外掛系統的方法。在研究如何實現這些容器應用程序模式之前，我們要先探討製作它們的新 API。請記得，這些新 API 是特別為了這裡討論的使用案例而加入的。當你不建構可擴展、容器式的應用程式時，應該不會使用這些 API。

階層與配置

模組圖是藉由使用 Java 命令來啟動模組來解析的。解析器會使用平台本身的模組與模組路徑來建立一組一致的已解析模組。它是根據模組描述項內的 requires 子句和 provides/uses 子句來做這件事的。當解析器完成工作之後，產生的模組圖就再也無法改變了。

這似乎與容器應用程式的需求背道而馳，對容器而言，將新的模組加入正在執行的容器是很重要的需求。我們必須引入新概念來讓這種功能生效：階層（layers）。階層之於模組，就像類別載入器之於類別，是一種載入與實例化機制。

已解析的模組圖會被放在 ModuleLayer 內。階層的設置與模組集合是一致的。階層本身可以參考父階層，以及形成有循環的圖。但是在我們超越自我之前，先來看一下你已經擁有，但還不認識的 ModuleLayer。

當你使用 java 來啟動一個模組之後，Java runtime 會建立一個稱為啟動層（*boot layer*）的初始階層。它含有將 java 命令收到的根模組（使用 -m 來作為初始模組，或透過 --add-modules）解析之後產生的模組圖。

圖 6-5 是啟動 require java.sql 的模組應用程式之後的簡化啟動層範例。

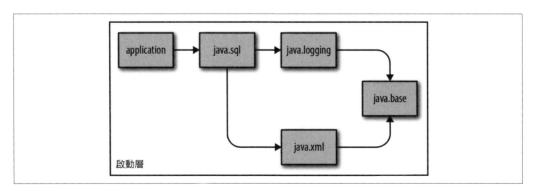

圖 6-5　啟動模組應用程式後，在啟動層內的模組

（實際上，因為平台模組的服務綁定，啟動層還有許多其他的模組。）

你可以使用範例 6-3 的程式來列舉啟動層內的模組。

範例 6-3　印出啟動層內的所有模組（➡ chapter6/bootlayer）

```
ModuleLayer.boot().modules()
          .forEach(System.out::println);
```

因為啟動層是為我們建構的，我們的另一個問題是：如何建立另一個階層？在建構 ModuleLayer 之前，我們必須先建立一個 Configuration 來描述該層裡面的模組圖。啟動層的這個動作是在啟動時暗地完成的。當你建構 Configuration 時，必須提供 ModuleFinder 來指定個別的模組。以下是設定這個俄羅斯娃娃類別，來建立一個新的 ModuleLayer 的做法：

```
ModuleFinder finder = ModuleFinder.of(Paths.get("./modules")); ❶

ModuleLayer bootLayer = ModuleLayer.boot();

Configuration config = bootLayer.configuration()
    .resolve(finder, ModuleFinder.of(), Set.of("rootmodule")); ❷

ClassLoader scl = ClassLoader.getSystemClassLoader();
ModuleLayer newLayer = bootLayer.defineModulesWithOneLoader(config, scl); ❸
```

❶ 這個方便的方法可建立 ModuleFinder，來找出檔案系統中，一或多個路徑上的模組。

❷ 模組配置是相對於父配置來解析的；在這裡，是相對於啟動態層的配置。

❸ 使用 Configuration 來建構 ModuleLayer，將配置中已解析的模組具體化。

原則上，模組可來自任何地方。通常它們會在檔案系統的某處，所以 ModuleFinder::of(Path...) 工廠方法很方便。它會回傳一個 ModuleFinder 實作，可從檔案系統載入模組。每一個 ModuleLayer 與 Configuration 都指向一或多個父代，但 ModuleLayer::empty 與 Configuration::empty 方法回傳的實例則非如此。這些特殊實例會被當成模組系統的 ModuleLayer 與 Configuration 階層的根。根階層及其配置（configuration）都以它們各自的空的配對物作為父代。

在建構新階層時，我們使用啟動層與配置作為父代。我們會在呼叫 resolve 時，在第一個引數傳入 ModuleFinder。resolve 的第二個引數是另一個 ModuleFinder，在這個例子中，它是空的。如果模組無法在第一個 finder 找到，或無法透過父配置找到時，就會查詢第二個 finder。

當我們在新構造中解析模組時，也會考慮父構造的模組。新建構的構造裡面的模組，可以從父構造讀取模組。我們將啟動解析器的根模組當成第三個引數傳入構造的 resolve 方法。在這個例子中，rootmodule 是啟動解析器時的初始模組。解析新構造時，也會有之前提過的限制，如果它無法找到根模組或它的其中一個依賴關係時，就會失敗。這裡不允許模組間的循環，也不允許兩個模組匯出同一個套件被一個其他的模組讀取。

為了擴展這個範例，假設 rootmodule require javafx.controls 平台模組與 library，library 是個輔助模組，也位於 ./modules 目錄內。在解析構造並建構新的階層之後，產生的情況如圖 6-6 所示。

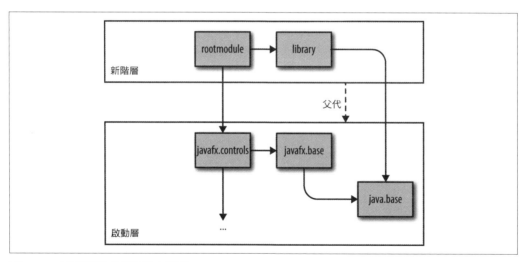

圖 6-6　以啟動層為父階層的新階層

可讀性關係可以跨越階層邊界。rootmodule 到 javafx.controls 的 requires 子句已被解析成啟動層中的平台模組了。另一方面，對著 library 的 requires 子句會在新建構的階層中被解析，因為那個模組是連同 rootmodule 一起從檔案系統載入的。

除了 Configuration 的 resolve 方法之外，還有個 resolveAndBind。這個版本也會做服務綁定，考慮新構造內的模組的 provides/uses 子句。服務也可以跨越階層邊界。新階層內的模組可以使用父階層的服務，反之亦然。

最後，defineModulesWithOneLoader 方法是對著父（啟動）階層呼叫的。這個方法會將被 Configuration 解析的模組參考實體化，成為新階層裡面的實際 Module 實例。下一節會討論被傳給這個方法的 classloader 的重要性。

你到目前為止看過的階層範例都是以指向啟動層（父階層）的新階層組成的。但是，階層也可以指向非啟動層的父階層。階層甚至可以有多個父階層。見圖 6-7，階層 3 指向它的父階層：階層 1 與階層 2。

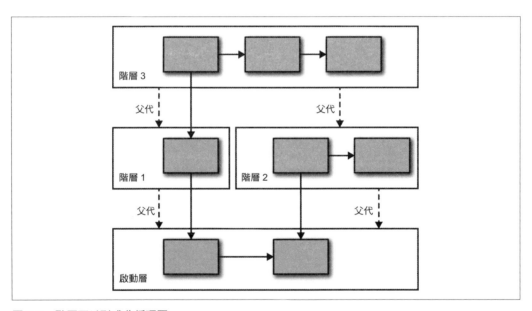

圖 6-7　階層可以形成非循環圖

ModuleLayer 的靜態方法 defineModules* 會在建構新階層時接收一串父階層，而不是直接對父階層實例呼叫任何非靜態方法 defineModules*。稍後，在圖 6-12，你會看到這些靜態方法的動作。要記住的重點是，階層可以形成無循環圖，如同階層中的模組。

階層中的類別載入

你或許依然想要知道上一節的階層建構程式的最後二行的意思：

```
ClassLoader scl = ClassLoader.getSystemClassLoader();
ModuleLayer newLayer = bootLayer.defineModulesWithOneLoader(config, scl);
```

classloader 與 defineModulesWithOneLoader 方法在做什麼事情？這個問題不容易回答。在討論這個方法之前，我們先複習一下類別載入器（classloader）在做什麼事情，以及模組系統的意義。

類別載入器會在執行期載入類別。類別載入器會指定**可見性**：如果一個類別可被某些類別載入器看到，或被受委派的其他類別載入器看到，它就可以被載入。在某種程度上，在本書介紹類別載入器是很奇怪的事情。早期的模組系統，例如 OSGi，會使用類別載入器來作為強制封裝的手段。每一個包裹（OSGi 模組）都有它自己的類別載入器，而且類別載入器之間的委託，會遵循 OSGi 詮釋資料中描述的包裹連結。

但是在 Java 模組系統中並非如此。它有一個涵蓋可讀性與新的可操作性規則的新機制，且幾乎讓類別載入器保持不變。這是一個經過深思熟慮的選擇，因為使用類別載入器來做隔離不是防呆的解決方案。當類別被載入之後，Class 實例就可以被自由地四處傳遞，繞過透過載入器隔離與委派來設定的任何機制。你可以在模組系統中試著做這件事，但你已經看過，當你使用被封裝而不能操作的 Class 物件來建立實例時，會造成例外。模組系統會在更深層強制封裝。此外，類別載入器只是執行期的東西，但 Java 模組系統也會在編譯期實施封裝。最後，許多既有的基礎程式都會假設類別的預設載入方式。改變這些預設方式（例如，讓每一個模組有它自己的類別載入器）可能會破壞既有的程式。

儘管如此，留意類別載入器與模組系統的互動方式仍然是件好事。我們來回顧圖 6-5，其中，模組 application 是在啟動層中載入的。這一次，我們有興趣的是有哪些類別載入器牽涉其中，如圖 6-8 所示。

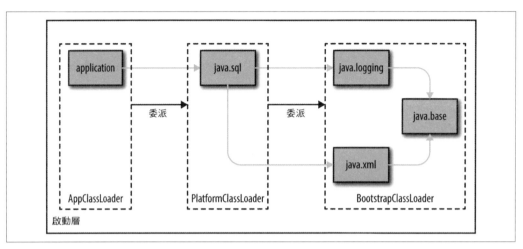

圖 6-8　模組應用程式啟動時，在啟動層的類別載入器

當你從模組路徑執行應用程式時，在啟動層有三個活動的類別載入器。在委派階層的最下面的是 BootstrapClassLoader，也稱為*原始類別載入器*。它是一種特殊的類別載入器，會載入所有基本的平台模組類別。在這個類別載入器中，會小心地載入盡可能少的模組，因為當啟動載入器載入類別時，它們都會被授予所有的安全權限。

接著是 PlatformClassLoader，它會載入權限較少的平台模組類別。在鏈結最後的是 AppClassLoader，它負責載入使用者定義的模組與一些 JDK 專屬的工具模組（例如 jdk. compiler 或 jdk.javadoc）。所有的類別載入器都會委託給底層的類別載入器。實質上，這讓 AppClassLoader 可以看到所有的類別。這種三路設置相當類似在模組系統問世前的類別載入器的工作方式，主要是為了回溯相容性。

我們在這一節開始時的問題是為什麼要將類別載入器傳給建立 ModuleLayer 的方法：

```
ClassLoader scl = ClassLoader.getSystemClassLoader();
ModuleLayer newLayer = bootLayer.defineModulesWithOneLoader(config, scl);
```

雖然從模組到類別載入器的對應是在啟動層預先定義的，新階層的創造者必須指出究竟要由哪些類別載入器為哪些模組載入類別。ModuleLayer::defineModulesWithOneLoader(Configuration, ClassLoader) 方法是個方便的方法。它會設定新的階層，讓階層內的所有模組都可被一個全新建立的類別載入器載入。這個類別載入器會被委派給

以引數傳入的父類別載入器。在這個範例中，我們傳入 ClassLoader::getSystemClass
Loader（回傳 AppClassLoader）的結果，這個類別載入器會負責在根模組（也有一個
getPlatformClassLoader 方法）載入使用者定義的模組的類別。

所以，圖 6-9 是這個範例（圖 6-6）新建立的階層的類別載入器圖。

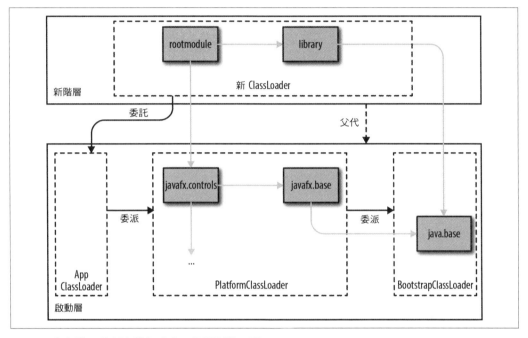

圖 6-9　為新階層的所有模組建立一個類別載入器

類別載入器之間的委派必須尊重模組之間的可讀性關係，即使跨越階層亦然。但是，如
果新的類別載入器沒有委派給啟動層的 AppClassLoader，例如 BootstrapClassLoader，就
會有問題。因為啟動模組會讀取 javafx.controls，它必須能夠看到並載入這些類別。新
階層的類別載入器到 AppClassLoader 的父委派可確保這一點。接著，AppClassLoader 會
委派給 PlatformClassLoader，它會從 javafx.controls 載入類別。

還有其他的方法可以建立新階層。另一種方便的方法稱為 defineModulesWithMany
Loaders，可以為階層中的每一個模組建立新的類別載入器，見圖 6-10。

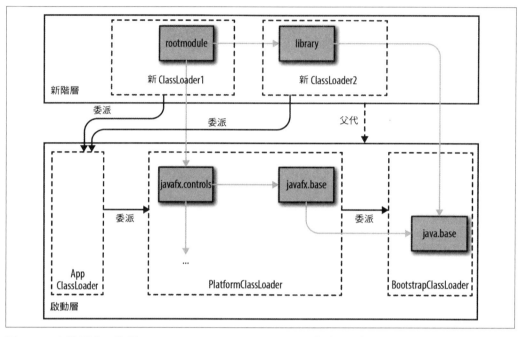

圖 6-10　在階層中，使用 defineModulesWithManyLoaders 來建立的每一個模組都會有它自己的類別載入器

同樣的，這些新的類別載入器都會委派給被當成引數傳給 defineModulesWithManyLoaders 的父代。如果你需要進一步控制階層中的類別載入，可使用 defineModules 方法。它會接收一個可將字串（模組名稱）對應到類別載入器的函式。提供這種對應，當你要為新的模組建立新的類別載入器，或將既有的類別載入器指派給階層中的模組時，可帶來最大的靈活性。你可以在 JDK 本身找到這種對應的範例。啟動層是用 defineModules 以及對於圖 6-8 的三個類別載入器之一的自訂對應來建立的。

為什麼在使用階層時，控制類別載入這麼重要？因為你會讓模組系統的許多限制消失。例如，我們說過，只有一個模組能夠含有（或匯出）某個特定的套件。事實證明，這只是建立啟動層的一個副作用。一個套件只能定義給一個類別載入器一次。模組路徑上的所有模組都是用 AppClassLoader 載入的。因此，如果任何這些模組含有相同的套件（無論是否被匯出），它們都會被定義成相同的 AppClassLoader，導致執行期例外。

當你使用新的類別載入器來實例化一個新的階層時，同樣的套件可能會出現在該階層的不同模組內。此時不會因為套件被定義給不同的類別載入器兩次，而產生固有的問題。

你稍後將會看到，這也代表同一個模組的多個版本可以住在不同的階層中。這對我們在第 106 頁的 "模組版本控制" 討論過的情況而言是很大的改善，雖然要付出建立與管理階層的代價。

外掛結構

現在你已經知道階層與階層中的類別載入器的基礎知識了，接下來我們要實際使用它們。首先，你會看到，我們會建立一個可在執行期使用外掛來擴充的應用程式。在許多方面，這很類似我們在第 4 章用 EasyText 與服務來做的事情。使用服務，如果有新的分析供應方被放在模組路徑上，當應用程式啟動時，它就會被選取。這已經相當有彈性了，但是如果那些新的供應方模組來自第三方開發者呢？而且如果它們不是在啟動時被放在模組路徑上，而是可在執行期加入呢？

這種需求，衍生出更有彈性的外掛結構。Eclipse IDE 是一種著名的外掛式應用程式。Eclipse 本身提供了基礎的 IDE 功能，但是你可以藉由加入外掛，來以多種方式擴展它。另一個使用外掛的應用程式範例是 JDK 的新 jlink 工具。你可以透過類似我們即將看到的外掛機制，來以新的最佳化程式（optimizations）擴充它。第 13 章會更詳細討論 jlink 工具可以使用的外掛。

通常，我們可以認出透過外掛來擴充的外掛主應用程式，如圖 6-11 所示。

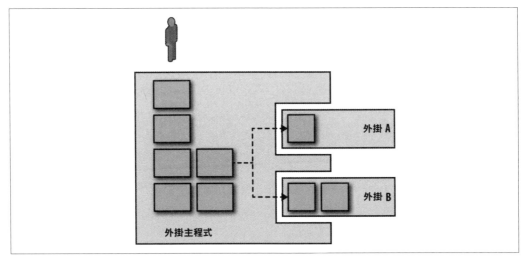

圖 6-11　外掛可在主應用程式的功能之上提供額外的功能

使用者會與主應用程式互動，但也會藉由外掛來使用擴充的功能。在多數情況下，主應用程式在沒有任何外掛的情況下也可以正常運作。外掛通常是獨立於主應用程式之外開發的。主應用程式與外掛之間有明確的分界。在執行期，主應用程式會呼叫外掛來執行額外的功能。為了做到這一點，外掛必須實作一個協定好的 API。通常，這是由外掛實作的介面。

你或許已經猜到，動態外掛應用程式也有階層。我們將要建立一個 pluginhost 模組，它會為每一個外掛啟動一個新的 ModuleLayer。這些外掛模組，也就是範例中的 plugin.a 與 plugin.b，都與它們依賴項目（有的話）一起住在個別的目錄中。重點在於，當外掛主機啟動時，這些目錄不會在模組路徑上。

這個範例會藉由公開 pluginhost.api.Plugin 介面的 pluginhost.api 模組來使用服務，它只有一個方法 doWork。兩個外掛模組都會 require 這個 API 模組，但是除此之外，它們與 pluginhost 應用模組沒有編譯期關係。外掛模組包含 Plugin 介面的實作，作為服務來提供。範例 6-4 是 plugin.a 模組的模組描述項。

範例 6-4　*module-info.java*（➥ *chapter6/plugins*）

```
module plugin.a {
  requires pluginhost.api;

  provides pluginhost.api.Plugin
      with plugina.PluginA;
}
```

外掛實作類別 PluginA 沒有被匯出。

在 pluginhost 中，main 方法會從以引數提供的目錄中載入外掛模組：

```
if (args.length < 1) {
  System.out.println("Please provide plugin directories");
  return;
}

System.out.println("Loading plugins from " + Arrays.toString(args));

Stream<ModuleLayer> pluginLayers = Stream
  .of(args)
  .map(dir -> createPluginLayer(dir)); ❶

pluginLayers
  .flatMap(layer -> toStream(ServiceLoader.load(layer, Plugin.class))) ❷
  .forEach(plugin -> {
```

```
        System.out.println("Invoking " + plugin.getName());
        plugin.doWork(); ❸
    });
}
```

❶ 為每一個用引數傳入的目錄在 createPluginLayer 中實例化一個 ModuleLayer（稍後展示實作）。

❷ 呼叫 ServiceLoader::load 時，以一個階層為引數，從該階層取回 Plugin 服務。

❸ 將服務壓平成一個串流之後，對所有的外掛呼叫 doWork 方法。

我們用了一個尚未討論的 ServiceLoader::load 的多載。它會接收階層引數。傳送新建立的外掛階層給這個呼叫式之後，它會從被載入階層的外掛模組回傳新載入的 Plugin 服務供應器。

應用程式啟動時，會執行模組路徑上的 pluginhost 模組。模組路徑上沒有任何外掛模組。外掛模組住在個別的目錄中，並且會在執行期被主應用程式載入。

當你用兩個外掛目錄作為引數來啟動 pluginhost 之後，會出現圖 6-12 的執行期情況。

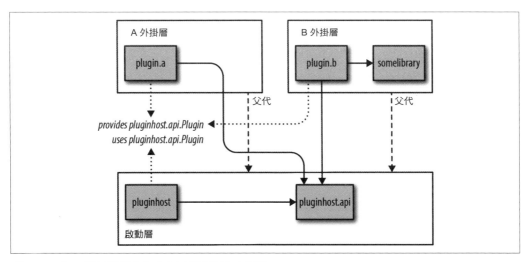

圖 6-12　每一個外掛都會在它自己的階層中實例化

第一個外掛是由一個模組組成的。B 外掛與 somelibrary 有依賴關係，這個依賴關係會在建立這個外掛的構造與階層時被自動解析。只要 somelibrary 與 plugin.b 在同一個目錄中，功能就會正常運作。這兩個外掛都 require pluginhost.api 模組，它屬於啟動層。所有其他的互動都會藉由外掛模組公開的服務來產生，並被主應用程式使用。

以下是 createPluginLayer 方法：

```
static ModuleLayer createPluginLayer(String dir) {
  ModuleFinder finder = ModuleFinder.of(Paths.get(dir));

  Set<ModuleReference> pluginModuleRefs = finder.findAll();
  Set<String> pluginRoots = pluginModuleRefs.stream()
          .map(ref -> ref.descriptor().name())
          .filter(name -> name.startsWith("plugin")) ❶
          .collect(Collectors.toSet());

  ModuleLayer parent = ModuleLayer.boot();
  Configuration cf = parent.configuration()
    .resolve(finder, ModuleFinder.of(), pluginRoots); ❷

  ClassLoader scl = ClassLoader.getSystemClassLoader();
  ModuleLayer layer = parent.defineModulesWithOneLoader(cf, scl); ❸

  return layer;
}
```

❶ 為了在解析 Configuration 時識別根模組，我們保留所有名稱的開頭為 plugin 的模組。

❷ Configuration 已經用根階層來解析了，所以外掛模組可以讀取 pluginhost.api。

❸ 外掛層裡面的所有模組都會用相同（全新）的類別載入器來定義。

因為我們為每一個外掛目錄呼叫 createPluginLayer 方法，所以會建立多個階層。每一層都有一個根模組（分別是 plugin.a 與 plugin.b）會被獨立地解析。因為 plugin.b requires somelibrary，所以如果無法找到那個模組，就會出現 ResolutionException 例外。唯有在模組描述項中的所有限制都被滿足時，構造與階層才會建立。

> 我們也可以呼叫 resolveAndBind(finder, ModuleFinder.of(), Set.of())（不提供要解析的根模組），來取代 resolve(..., pluginRoots)。因為 plugin 模組會公開服務，服務綁定無論如何都會導致 plugin 模組及其依賴關係的解析。

使用新的類別載入器將每一個外掛模組載入它自己的階層有另一個好處。藉由這樣隔離外掛，外掛就可以依賴同一個模組的不同版本。在第 106 頁的 "模組版本控制" 中我們談過，模組系統只能載入名稱相同的單一模組匯出的相同套件。這仍然成立，但是我們現在知道這取決於類別載入器的設定方式。唯有在討論由模組路徑建構的啟動層時，這才是個問題。

在建構多個階層時，我們可以同時載入不同版本的模組。例如，如果外掛 A 與 B 依賴不同版本的 somelibrary，是完全沒問題的，見圖 6-13。

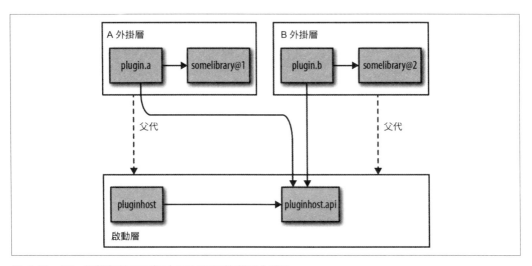

圖 6-13　同一個模組的不同版本可在不同的階層中載入

我們不需要改變任何程式就可以讓它動作。因為在我們的階層中，模組是以新的類別載入器載入的，不可能會有衝突的套件定義。

讓每一個外掛都有一個新的階層這種設定有許多好處。外掛的作者可以自由地選擇他們自己的依賴關係。在執行期，他們可以確保不會與其他外掛的依賴關係衝突。

要思考的另一個問題是，當我們在這兩個外掛階層上面建立另一個階層時，會發生什麼事情？階層可以擁有多個父代，所以我們可以建立一個新階層，使用這兩個外掛階層來作為父代：

```
List<Configuration> parentConfigs = pluginLayers
  .map(ModuleLayer::configuration)
  .collect(Collectors.toList());
Configuration newconfig = Configuration.resolve(finder, parentConfigs, ❶
  ModuleFinder.of(), Set.of("topmodule"));
ModuleLayer.Controller newlayer = ModuleLayer.defineModulesWithOneLoader(
  newconfig, pluginLayers, ClassLoader.getSystemClassLoader()); ❷
```

❶ 這個靜態方法可以接收多個構造作為父代。

❷ 使用多個父代建構的階層也一樣。

假設新階層含有一個（根）模組，名為 topmodule，它 requires somelibrary。解析 topmodule 時，會使用哪一個版本的 somelibrary？你應該將靜態的 resolve 與 defineModulesWithOneLoader 方法都接收 List 作為父代參數當成一種警訊。順序很重要。解析構造時，父代構造的串列會依照你提供的串列順序來參照。所以 topmodule 會根據先被放入 parentConfigs 串列的外掛構造，來選擇使用第 1 或 2 版的 somelibrary。

容器結構

另一種需要在執行期載入新程式碼的結構是應用程式容器結構。應用程式在容器中的隔離是另一個大主題。在這幾年來，Java 已經知道許多應用程式容器，或應用程式伺服器，都實作了 Java EE 標準。

 雖然應用程式伺服器在應用程式之間提供某種程度的隔離，但畢竟所有被部署的應用程式仍然在同一個 JVM 上運行。真正的隔離（即，受限的記憶體與 CPU 使用）需要採用更具滲透性的方法。

當 Java 在設計與階層有關的需求時，Java EE 成為其中一種靈感。這不代表 Java EE 已經看齊 Java 模組系統了，在寫這本書時，我們還不知道哪一版的 Java EE 會開始使用模組。但是，Java EE 支援模組化的 Web Archives（WARs）與 Enterprise Application Archives（EARs）版本並不是難以想像的事情（有人可能會說，這是合理的期望）。

為了瞭解階層如何造就應用程式容器結構，我們要來建立一個小型的應用程式容器。在查看實作之前，我們來看一下，應用程式容器結構與外掛式結構有何不同（見圖 6-14）。

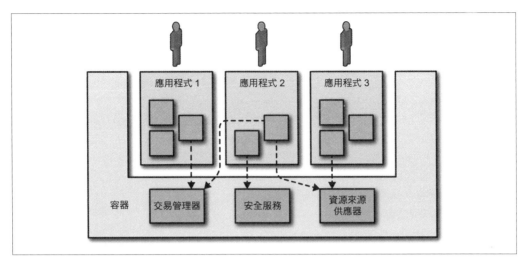

圖 6-14　這個應用程式容器承載許多應用程式，提供通用的功能，讓你可在那些應用程式中使用

如圖 6-14 所示，你可以將許多應用程式載入單一容器。應用程式有它們自己的內部模組結構，但重點在於它們可以使用容器提供的通用服務。交易管理或安全基礎架構等功能通常都是由容器提供的。應用程式開發者不需要為每一個應用程式重新發明輪子。

在某種程度上，這張呼叫圖與圖 6-11 是相反的：應用程式會使用容器提供的實作，而不是由主應用程式（容器）呼叫新載入的程式碼。當然，這種結構必須有容器與應用程式共用的 API 才能正常工作。Java EE 是這種 API 的案例之一。它與外掛式應用程式另一個重大的差異在於，系統的各個使用者是與動態載入的應用程式本身互動，而不是容器。你可以想像，被部署的應用程式會直接公開 HTTP 端點、web 介面，或佇列給使用者。最後，容器中的應用程式可被部署與取消部署，或換成新的版本。

從功能上來說，容器結構與外掛式結構有很大的不同。從實作面來說，它們沒有太大的差別。如同外掛，你可以在執行期將應用程式模組載入新階層。容器會提供 API 模組，裡面有它提供的所有服務的介面，讓應用程式可以用它來編譯。在執行期，這些服務可透過 ServiceLoader 在應用程式中使用。

我們要來建立一個好玩的、可以部署與取消部署應用程式的容器。在外掛範例中,我們依賴外掛模組來公開一個實作共同介面的服務。在容器範例中,我們要做不同的事情。在部署之後,我們要尋找實作 ContainerApplication 的類別,ContainerApplication 是容器提供的 API 的一部分。容器會用反射從應用程式載入類別。因此,我們不能依賴服務機制來與被部署的應用程式互動(雖然被部署的應用程式會使用服務來使用容器的功能)。透過反射來實例化類別之後,startApp 方法(在 ContainerApplication 裡面定義的)會被呼叫。在取消部署之前,你要呼叫 stopApp 來讓應用程式優雅地關閉。

我們需要注意兩種新概念:

- 容器如何確定它可以從已部署的應用程式中以反射來實例化類別?我們並未要求應用程式的開發者開放或匯出套件。

- 在取消部署應用程式之後,如何妥善地丟棄模組?

在建立階層期間,我們可以操作被載入階層的模組與它們的關係。這就是容器必須做的事情,如此一來才能操作被部署的應用程式裡面的類別。有時容器必須確保含有實作 ContainerApplication 的類別的套件被開放,以供深層反射。

清理模組是在階層層級做的,而且簡單地讓人意外。階層與任何其他的 Java 物件一樣可被回收。如果容器確保再也沒有任何針對階層,或它的任何模組與類別的強力參考,那個階層與所有相關的東西都會被回收。

接著我們來看一下程式。本章提供的容器範例是個簡單的命令列啟動器,它會列出你可以部署與取消部署的應用程式。範例 6-5 是它的主類別。當你部署應用程式時,它會持續執行,直到它被取消部署(或容器停止)為止。我們用格式為 out-appa/app.a/app.a.AppA 的命令列引數來傳遞可部署的 app 的位置,首先是應用程式模組的所在目錄,接著是根模組目錄名稱,最後是實作 ContainerApplication 的類別名稱,全部都用斜線隔開。

通常應用程式容器有一個傳達這種資訊的部署描述項目。我們還有其他的方式可實現類似的結果,例如,把註釋放在模組上(見第 127 頁的"註釋")來指定一些詮釋資料。為了簡化,我們從命令列引數衍生含有這種資訊的 AppDescriptor 實例。

範例 6-5　啟動應用程式容器(➡ *chapter6/container*)

```
public class Launcher {

    private static AppDescriptor[] apps;
    private static ContainerApplication[] deployedApps;
```

```
public static void main(String... args) {
  System.out.println("Starting container");

  deployedApps = new ContainerApplication[args.length];
  apps = new AppDescriptor[args.length];
  for (int i = 0; i < args.length; i++)
    apps[i] = new AppDescriptor(args[i]);

  // 省略鍵盤輸入的處理，與部署/取消部署的呼叫
}

// 稍後討論部署/取消部署的方法
}
```

容器的主資料結構是一個應用程式描述項陣列，與一個持續追蹤已啟動的
ContainerApplication 實例的陣列。在容器啟動後，你可以輸入 deploy 1 或 undeploy 2
或 exit 等命令。數字代表 apps 與 deployedApps 陣列的索引。我們會為每一個被部署的
應用程式建立階層。在圖 6-15 中，我們可以看到有兩個應用程式被部署在它們自己的階
層中（在 deploy 1 與 deploy 2 之後）。

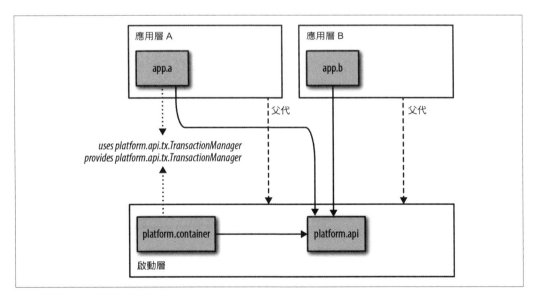

圖 6-15　被部署在容器內的兩個應用程式

這張圖很像圖 6-12，只不過 provides 與 uses 的關係反過來了。在 platform.api 中，我們可以找到容器功能的服務介面，例如 platform.api.tx.TransactionManager。platform.container 模組含有這些介面的服務供應器，並且含有我們之前看過的 Launcher 類別。當然，真實世界的容器與應用程式的模組數量可能會多很多。

為應用程式建立階層看起來很像載入外掛的程式，內容只被修改一小部分：

```
private static ModuleLayer.Controller createAppLayer(AppDescriptor appDescr) {
  ModuleFinder finder = ModuleFinder.of(Paths.get(appDescr.appDir));
  ModuleLayer parent = ModuleLayer.boot();

  Configuration cf = parent.configuration()
      .resolve(finder, ModuleFinder.of(), Set.of(appDescr.rootmodule)); ❶

  ClassLoader scl = ClassLoader.getSystemClassLoader();
  ModuleLayer.Controller layer =
    ModuleLayer.defineModulesWithOneLoader(cf, List.of(parent), scl); ❷

  return layer;
}
```

❶ ModuleFinder 與 Configuration 是根據 AppDescriptor 詮釋資料建立的。

❷ 階層是用靜態方法 ModuleLayer.defineModulesWithOneLoader 建立的，它會回傳 ModuleLayer.Controller。

每一個應用程式都會被載入它自己的獨立層，並附帶一個全新的類別載入器。就算應用程式含有具備相同套件的模組，它們也不會衝突。我們使用靜態的 ModuleLayer::defineModulesWithOneLoader 來取回 Module Layer.Controller 物件。

呼叫方方法會使用這個控制器來打開根模組中的套件，這個套件含有在被部署的應用程式中，實作了 ContainerApplication 的類別。

```
private static void deployApp(int appNo) {
  AppDescriptor appDescr = apps[appNo];
  System.out.println("Deploying " + appDescr);

  ModuleLayer.Controller appLayerCtrl = createAppLayer(appDescr); ❶
  Module appModule = appLayerCtrl.layer() ❷
    .findModule(appDescr.rootmodule)
    .orElseThrow(() -> new IllegalStateException("No " + appDescr.rootmodule));

  appLayerCtrl.addOpens(appModule, appDescr.appClassPkg,
    Launcher.class.getModule()); ❸
```

```
    ContainerApplication app = instantiateApp(appModule, appDescr.appClass); ❹
    deployedApps[appNo] = app;
    app.startApp(); ❺
  }
```

❶ 呼叫之前定義的 createAppLayer 方法來取得 ModuleLayer.Controller。

❷ 我們可以從控制器取得實際的階層，並找到已被載入的根模組。

❸ 在使用反射在根模組中實例化應用程式類別之前，先確定指定的套件是開放的。

❹ 現在，instantiateApp 實作可以使用反射來實例化應用程式類別，不會受到限制。

❺ 最後，藉由呼叫 startApp 來啟動被部署的應用程式。

在 deployApp 內最有趣的一行是呼叫 ModuleLayer.Controller::addOpens 的地方。它會將 AppDescriptor 提到的套件從應用程式的根模組開放給容器模組，如圖 6-16 所示。

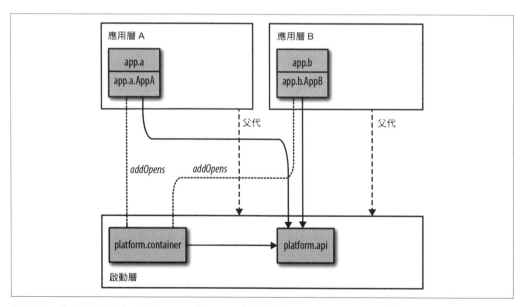

圖 6-16　在建立階層時，套件 app.a 與 app.b 被開放給 platform.container 模組

這個限定的 opens 可讓容器反射套件 app.a 與 app.b。除了 addOpens(Module source, String pkg, Module target) 之外，你也可以對階層控制器呼叫 addExports(Module source, String pkg, Module target) 或 add Reads(Module source, Module target)。使用 addExports，你就可以匯出之前被封裝的套件了（未被開放的）。並且，藉由使用 addReads 來建立可讀性，目標模組就可以操作來源模組中被匯出的套件。在任何情況下，來源模組都必須來自已被建構的階層。實際上，階層可以重塑模組的依賴關係與封裝邊界。與很多事情一樣，擁有愈大的權利，就必須承擔愈大的責任。

在容器中解析平台模組

到目前為止，容器結構內的隔離，是藉由在它自己的 ModuleLayer 裡面解析新的應用程式或外掛來完成的。每一個應用程式或外掛都可以 require 它自己的程式庫，甚至可以是不同的版本。只要 ModuleFinder 可以找到 ModuleLayer 必要的模組，一切都沒問題。

但是從這些新載入的應用程式或外掛與平台模組的依賴關係沒問題嗎？乍看之下似乎沒有問題。ModuleLayer 可以在父階層解析模組，最終到達根階層。根階層含有平台模組，所以一切都沒問題。是嗎？其實取決於當你啟動容器時，有哪些模組被解析到根階層裡面。

一般的模組解析規則在此也是適用的：由啟動的根模組來決定要解析哪些平台模組。當根模組是容器啟動者時，只有容器啟動模組的依賴關係會被考慮。只有這個根模組的（傳遞性的）依賴關係最終會出現在執行期在啟動層中。

當新的應用程式或外掛在啟動之後被載入時，可能會 require 沒有被容器本身 require 的平台模組。此時，新階層的模組解析會失敗。你可以在啟動容器模組時，使用 --add-modules ALLSYSTEM 來避免這種事情。在這種情況下，所有平台模組都會被解析，就算模組在啟動時沒有依賴它們也是如此。因為 ALL-SYSTEM 選項，啟動層會擁有所有的平台模組，如此一來，在執行期載入的應用程式或外掛就可以 require 任何一個的平台模組。

你已經知道階層如何實現動態結構了，它們可讓你在執行期建構與載入新的模組圖，可能會改變套件的開放性以及可讀性關係來適應容器。在不同階層的模組不會產生干擾，可讓同一個模組的多種版本在不同的階層中共存。當你要與在階層中新載入的模組互動時，服務是很自然的手段。

但是，如你所見，你也可以採取較傳統的反射做法。

ModuleLayer API 的設計，並不是要在一般的應用程式開發中廣泛使用的。就某方面而言，這個 API 的性質類似類別載入器：這是一種主要是要讓框架使用的強大功能，來讓開發者更輕鬆。預計既有的 Java 模組框架會使用階層來作為提升互通性的手段。如何善用新的 ModuleLayer API 取決於框架，就像它們在過去 20 年來，用類別載入器做過的事情。

第二部分

遷移

第七章

非模組遷移

回溯相容性一向是 Java 的主要目標。從開發者的角度來看，遷移到新的 Java 版本幾乎不會有什麼問題。模組系統與模組化的 JDK 可以說是整個 Java 平台問世以來最大的變化。即使如此，回溯相容性也是第一優先的考量。

將既有的應用程式遷移至 Java 9 的最佳做法有兩個步驟。這一章會把焦點放在遷移既有的程式，來用 Java 9 組建與執行它，暫不討論將程式遷移到模組。下一章會討論將程式遷移到模組，並提供實現這個目標的策略。

 如果你不準備使用 Java 9 的旗艦功能（模組系統）的話，為什麼要遷移到 Java 9 ？升級到 Java 9 也可以讓你使用 Java 9 的其他功能。例如新的 API、工具與改善效能。

你準備一路走到模組化，或者是一開始先不做模組化，會產生重大的影響。你的應用程式可能會有許多的擴充與新功能嗎？若是如此，從模組化獲得的好處，可以證明你付出的代價是值得的。如果應用程式處於維護模式，而且你只想讓它在 Java 9 上運行，只採取本章說明的步驟是合理的做法。

對程式庫維護者來說，問題不是是否要支援 Java 9 ，而是何時該支援 Java 9。將程式庫遷移到 Java 9 與模組時，需要考慮的問題與遷移應用程式不同。在第 10 章，我們會討論這些問題。

但首先，你要做什麼事情才能將尚未模組化的應用程式移往 Java 9？如果應用程式是用 Java 8 之前的版本開發的，也遵循最佳做法，例如只使用公用的 JDK API 的話，事情很簡單。JDK 9 依然是回溯相容的，但它內部有許多改變。在遷移時，你遇到的問題通常是不正確地使用 JDK 造成的，或許是應用程式碼本身，或者更有可能的是，它的程式庫。

在遷移時，程式庫可能是挫折的來源。許多框架與程式庫都已經對 JDK 的實作細節做了假設（非公用的，因此未支援的）。技術上來說，你不能將這種程式的損壞怪在 JDK 頭上。事實上，情況是有細微差別的。在第 155 頁的 "程式庫、強力封裝與 JDK 9 類別路徑" 會詳細解釋為了在不破壞現有的程式庫的情況下致力實現更強力的封裝所做的妥協。

在理想的世界中，程式庫與框架會在 Java 9 發表之前更新它們的實作，來與 Java 9 相容。不幸的是，這不是我們的世界。身為程式與框架的使用者，你應該知道如何處理潛在的問題。本章接下來的部分會說明讓你的應用程式在 Java 9 運行的策略，即使在非理想的世界也適用。希望隨著時間的推移，這一章可以作廢。

類別路徑已死，類別路徑萬歲

之前的章節曾經介紹模組路徑。在許多方面，你可以將模組路徑視為類別路徑的後繼者。但是這代表 Java 9 不存在類別路徑嗎？還是它徹底消失了？絕對不是！歷史會告訴你 Java 是否會移除類別路徑。但是，類別路徑仍然可在 Java 9 使用，而且它的工作方式與之前的版本大致相同。你將會在下一章看到，類別路徑甚至可以與新的模組路徑結合。

當我們忽略模組路徑，並使用類別路徑來組建與執行應用程式時，單純只是**在我們的應用程式中**不使用新的模組功能。這需要對既有的程式做很小的修改（若需要的話）。大致上來說，如果你的應用程式與它的依賴項目只使用官方核准的 JDK API 的話，應該可以毫無問題地使用 JDK 9 來編譯與執行。

如果程式需要改變，代表它反應出 JDK 本身已被模組化的事實。無論你的應用程式是否使用模組，讓它在 Java 9 運行的 JDK 一定是用模組構成的。雖然從應用程式的角度來看，此時模組系統幾乎被忽略，但 JDK 結構的改變仍然存在。通常模組化的 JDK 不會讓採用類別路徑的應用程式產生任何問題，但肯定會有一些要注意的事項。這些注意事項多數都與程式庫有關。本章其餘的部分會討論可能出現的問題，以及更重要的，因應它們的措施。

程式庫、強力封裝與 JDK 9 類別路徑

當你將使用類別路徑的應用程式遷移至 Java 9 時，可能會遇到平台模組內的強力封裝程式碼造成的問題。許多程式庫都會使用現在已經被 Java 9 封裝的平台類別。或者，它們會使用深層反射來窺探平台類別的非公用部分。

深層反射的意思，就是使用反射 API 來取得類別的非公用元素。在第 116 頁的 "深層反射" 中，你已經學過，從模組匯出套件不會讓套件的非公用元素可被反射操作。不幸的是，許多程式庫都會對用反射找到的私用元素呼叫 setAccessible。

你已經看過，當你使用模組時，JDK 9 預設不允許操作被封裝的套件，也不能深層反射其他模組內的程式，包括平台模組。這種做法有一個好理由：濫用平台內部程式是許多安全問題的起因，而且會阻礙 API 的發展。但是，在這一章，我們仍然要來處理在模組化 JDK 之上，採用類別路徑的應用程式。在類別路徑上，平台內部的強力封裝並沒有被嚴格地制行，儘管它仍然起作用。

對 JDK 型態使用深層反射是一種奇怪的使用案例。為何你會讓別人操作 JDK 類別的私用部分？但有一些常用的程式庫會做這件事。其中一個案例是 javassist 執行期程式碼生成程式庫，許多其他的框架都會使用它。

為了輕鬆地將採用類別路徑的應用程式遷移到 Java 9，在預設情況下，JVM 會在你對平台模組內的類別採取深層反射時顯示警告訊息。或者，當你用反射來操作未被匯出的套件內的型態時，例如，當你執行使用 javassist 的程式時，會看到以下的警告：

```
WARNING: An illegal reflective access operation has occurred
WARNING: Illegal reflective access by javassist.util.proxy.SecurityActions
  (...javassist-3.20.0-GA.jar) to method
  java.lang.ClassLoader.defineClass(...)
WARNING: Please consider reporting this to the maintainers of
  javassist.util.proxy.SecurityActions
WARNING: Use --illegal-access=warn to enable warnings of further illegal
  reflective access operations
WARNING: All illegal access operations will be denied in a future release
```

現在主控台會對 JDK 8 或之前的版本中沒有問題的程式印出明顯的警告，就算已經是產品的程式也是如此。訊息說明強力封裝被破壞得多麼嚴重。

除了這個警告之外，應用程式仍然可以照常運行。如警告訊息所示，這個行為會在下一版的 Java 改變。將來，JDK 會強制執行平台模組的強力封裝，對類別路徑上的程式也一樣。同樣的應用程式在未來的 Java 版本將無法用預設的設定來運行。因此，研究警告訊息，並修復底層的問題是很重要的事情。如果警告訊息是程式庫造成的，通常代表你要將這個問題回報給維護者。

在預設情況下，第一次非法嘗試操作只會產生一個警告。之後的嘗試不會產生額外的錯誤或警告。如果我們想要進一步調查問題的原因，可以將 --illegal-access 命令列旗標設為不同的值來更改其行為：

--illegal-access=permit

　　預設行為，允許非法操作被封裝的型態。會在使用者第一次用反射來試著非法操作時產生警告。

--illegal-access=warn

　　很像 permit，但是每一次嘗試非法操作都會產生錯誤。

--illegal-access=debug

　　也會顯示嘗試非法操作的 stack trace。

--illegal-access=deny

　　不允許嘗試非法操作，將來這是預設值。

注意，以上的設定都不會讓你隱藏顯示警告的顯示，這是刻意設計的。在這一章，你將會學到如何處理底層的問題，來處理這些非法操作警告。因為將來 --illegal-access=deny 是預設值，你的目標是用這個設定來執行應用程式。

如果我們使用 javassist 以及 --illegal-access=deny 來執行程式，應用程式將無法運行，看產生以下的錯誤：

```
java.lang.reflect.InaccessibleObjectException: Unable to make protected final
    java.lang.Class java.lang.ClassLoader.defineClass(java.lang.String,byte[],
                                int,int,java.security.ProtectionDomain)
  throws java.lang.ClassFormatError accessible: module java.base does not
  "opens java.lang" to unnamed module @0x7b3300e5
```

這個錯誤說明 javassist 試著讓 java.lang.Class 的 defineClass 方法變成公用的。我們可以使用 --add-opens 旗標來授權模組的特定套件做類別路徑深層反射操作。第 116 頁的 "深層反射" 已經詳細討論過開放模組與開放套件了。複習一下，為了允許深層反射，套件必須是開放的。甚至當套件已被匯出時，就像這裡的 java.lang，也必須如此。套件通常是在模組描述項中開放的，類似匯出套件的方式。我們可以在命令列對無法控制的模組做相同的事情（例如，平台模組）：

```
java --add-opens java.base/java.lang=ALL-UNNAMED
```

在這個範例中，java.base/java.lang 是我們授權的模組 / 套件。最後一個引數是被操作的模組，因為程式仍然位於類別路徑，我們使用 ALL-UNNAMED，代表類別路徑。現在套件已經公開了，所以深層反射再也不是非法的了。這會移除警告訊息（或錯誤，當你用 --illegal-access=deny 來執行時）。同樣的，當類別路徑上的程式試著操作未被匯出的套件內的型態時，你可以使用 --add-exports 來強制讓套件被匯出，我們會在下一節看到這種情況的範例。記住，這只是一種因應措施，請要求造成非法操作問題的程式庫的維護者更新程式庫的版本，正確地修復它。

 設定 --illegal-access=permit 後，預設允許的非法操作只限於 JDK 9 之前既有的、但現在已被封裝的套件。在 JDK 9 中，任何被封裝的新套件都不能豁免於強力封裝，即使它在類別路徑上亦然。

安全影響

--add-opens 與 --add-exports 會如何影響安全？未來的 Java 版本預設不允許你對平台模組做深層反射的其中一個理由是為了防止惡意程式接觸危險的 JDK 內部。用一個旗標就可以停用這些檢查，難道不會移除這種重要的安全保障嗎？一方面來說，是的，當你選擇這麼做時，會開放較大的攻擊表面。

但是考慮這一點：若只是執行 Java 程式，你無法在執行期取得 --add-opens 或 --add-exports 提供的特權。攻擊者必須能夠修改應用程式的啟動腳本（命令列），才能加入這些旗標。建立操作等級之後，攻擊者可以用缺口隨意地進行修改，破壞程度遠遠超過只是添加 JVM 選項。

編譯與被封裝的 API

JDK 有許多私用、內部的 API，它們不是給 JDK 本身之外的任何程式使用的，這在 Java 的初期就已經被清楚地記錄在案了，其中的例子包括 sun.* 與 jdk.internal.* 套件。身為應用程式開發者，你應該不會直接使用這些型態。大多數的內部類別都是要讓罕見的邊緣案例使用的，典型的應用程式通常不會使用它們。在這本書中，我們甚至發現，從應用程式開發的角度來看，我們很難舉出一個良好的範例。

當然，有些應用程式與（尤其是較舊的）程式庫**仍然**會使用這些內部類別。之前 JDK 的內部並未被強力封裝，因為沒有機制可以做這件事。在 Java 9 之前的編譯器會在你使用內部類別時發出警告，但使用者很容易漠視或忽略它們。我們知道，以舊版的 Java 來編譯的程式（使用被封裝的 JDK 型態的）目前仍然可在 Java 9 上運行，因為 --illegal-access=permit 預設設定。

但是，同樣的程式已經無法用 Java 9 來編譯了！假設我們有段程式（見範例 7-1）是用 JDK 8 編譯器來編譯的，它使用了來自 sun.security.x509 套件的型態。

範例 7-1 EncapsulatedTypes.java（➡ chapter7/encapsulation）

```
package encapsulated;

import sun.security.x509.X500Name;

public class EncapsulatedTypes {
    public static void main(String... args) throws Exception {
        System.out.println(new X500Name("test.com", "test",
                    "test", "US"));

    }
}
```

使用 JDK 9 來編譯這段程式會產生以下的編譯器錯誤：

```
./src/encapsulated/EncapsulatedTypes.java:3: error: package sun.security.x509
is not visible
import sun.security.x509.X500Name;
                   ^
  (package sun.security.x509 is declared in module java.base, which does not
   export it to the unnamed module)
```

在預設情況下，即使這段程式使用被封裝的套件，它仍然可以在 Java 9 成功執行。你可能在想，就操作被封裝的型態而言，為何使用 javac 與 java 會有差異？你可以執行程式來操作被封裝的型態，卻無法編譯相同的程式，這樣有什麼意義？

這種程式仍然可以執行的原因是為了對既有的程式庫提供回溯相容，禁止編譯同一類被封裝的型態，是為了防止未來的相容性惡夢。在你可以控制的程式中，你應該立刻對被封裝的型態採取行動，將它們換成沒有被封裝的替代程式。當你使用程式庫（使用舊版 Java 來編譯的），而且它們使用被封裝的型態，或對 JDK 內部做深層反射時，你就處於比較困難的境地，因為你無法自行修復問題，這可能會阻礙你試著移往 Java 9，但因為寬鬆的期限，你暫時仍然可以使用程式庫。

可以在執行期使用被封裝的 JDK 型態只是暫時的情況，未來的 Java 版本會禁止這件事。我們已經可以藉由設定上一節看過的 --illegal-access=deny 旗標來準備這一天的到來了。使用 java --illegal-access=deny 來執行相同的程式會產生以下的錯誤：

```
Exception in thread "main" java.lang.IllegalAccessError:
class encapsulated.EncapsulatedTypes (in unnamed module @0x2e5c649) cannot
access class sun.security.x509.X500Name (in module java.base) because module
java.base does not export sun.security.x509 to unnamed module @0x2e5c649
        at encapsulated.EncapsulatedTypes.main(EncapsulatedTypes.java:7)
```

注意，如果我們將 --illegal-access 設定為 deny 之外的任何選項，就不會顯示任何警告。只有用反射來非法操作才會觸發之前的警告，在這個案例中，靜態參考被封裝的型態不會。這個限制是務實的，只為了在靜態參考被封裝的型態時也產生警告而改變 VM，就太激進了。

正確的行動方針是將問題回報給程式庫的維護者。但是，如果這是你自己的程式，而且必須用 JDK 9 來重新編譯，但不能立刻改變程式時該怎麼辦？改變程式總是會有風險，所以我們必須找到正確的時機來做這件事。

我們也可以使用命令列旗標，在編譯期破壞封裝。在上一節，你已經看過如何在命令列使用 --add-opens 來開放套件了。java 與 javac 也都支援 --add-exports。顧名思義，我們可以使用它來匯出模組內被封裝的套件。它的語法是 --add-exports <module>/<package>=<targetmodule>。因為我們的程式仍然在類別路徑上運行，所以可以使用 ALL-UNNAMED

來作為目標模組。注意，匯出被封裝的套件仍然不允許別人對它的型態做深層反射，你必須開放套件才能做這件事。在這個案例中，匯出套件就足夠了。在範例 7-1 中，我們要直接參考被封裝的型態，且不使用任何反射。我們可以用以下的命令來編譯與執行我們的（顯然很做作）sun.security.x509.X500Name 範例：

```
javac --add-exports java.base/sun.security.x509=ALL-UNNAMED \
 encapsulated/EncapsulatedTypes.java

java --add-exports java.base/sun.security.x509=ALL-UNNAMED  \
  encapsulated.EncapsulatedTypes
```

--add-exports 與 --add-opens 旗標可用於任何模組和套件，而非只限於 JDK 內部。在編譯期間，警告仍然會因為使用內部 API 而發出。理想情況下，--add-exports 旗標是一種暫時性的遷移步驟。當你將程式改為公用 API，或（如果程式庫有衝突）第三方程式庫的新版本替換 API 之後，你就可以不用使用它了。

太多命令列旗標了！

有些作業系統會限制可執行的命令列長度，當你在遷移過程中需要加入許多旗標時，可能會到達這些限制。你可以改用一個檔案來提供所有命令引數給 java/javac：

```
$ java @arguments.txt
```

引數檔案必須含有所有必要的命令列旗標。檔案內的每一行都只有一個選項，例如，*arguments.txt* 的內容可能是：

```
-cp application.jar:javassist.jar
--add-opens java.base/java.lang=ALL-UNNAMED
--add-exports java.base/sun.security.x509=ALL-UNNAMED
-jar application.jar
```

就算你沒有觸及命令列限制，在腳本中，引數檔案也比很長的一行旗標還要簡明。

被移除的型態

程式碼也可能會使用內部型態,但它們現在已經被完全移除了。內部型態與模組系統沒有直接的關係,但仍然值得一提。其中一個被 Java 9 移除的內部類別是 sun.misc.BASE64Encoder,它在 Java 8 出現 java.util.Base64 類別之前曾經很受歡迎。範例 7-2 是使用 BASE64Decoder 的程式。

範例 7-2 *RemovedTypes.java*(➥ *chapter7/removedtypes*)

```
package removed;

import sun.misc.BASE64Decoder;

// 使用 Java 8 編譯,在 Java 9 運行:NoClassDefFoundError.
public class RemovedTypes {
    public static void main(String... args) throws Exception {
        new BASE64Decoder();
    }
}
```

這段程式再也不能用 Java 9 來編譯或執行了。當我們試著編譯時,會看到以下的錯誤:

```
removed/RemovedTypes.java:3: error: cannot find symbol
import sun.misc.BASE64Decoder;
               ^
  symbol:   class BASE64Decoder
  location: package sun.misc
removed/RemovedTypes.java:8: error: cannot find symbol
        new BASE64Decoder();
            ^
  symbol:   class BASE64Decoder
  location: class RemovedTypes
2 errors
```

如果我們用舊版的 Java 來編譯程式,但試著用 Java 9 運行它,它也會失敗:

```
Exception in thread "main" java.lang.NoClassDefFoundError: sun/misc/BASE64Decoder
  at removed.RemovedTypes.main(RemovedTypes.java:8)
Caused by: java.lang.ClassNotFoundException: sun.misc.BASE64Decoder
  ...
```

對於被封裝的型態,我們可以使用命令列旗標來強制操作它,以解決這個問題。我們不能對這個 BASE64Decoder 範例做這件事,因為該類別已經不復存在了。瞭解這項差異很重要。

使用 jdeps 來尋找被移除或被封裝的型態，以及它們的替代物

jdeps 是 JDK 附帶的工具。jdeps 的其中一個功能就是尋找已被移除或被封裝的 JDK 型態的使用，並建議替代方案。jdeps 處理的一定是類別檔案，而不是原始程式碼。假設我們用 Java 8 來編譯範例 7-2，接著對產生的類別執行 jdeps：

```
jdeps -jdkinternals removed/RemovedTypes.class

RemovedTypes.class -> JDK removed internal API
   removed.RemovedTypes -> sun.misc.BASE64Decoder
   JDK internal API (JDK removed internal API)

Warning: JDK internal APIs are unsupported and private to JDK implementation
that are subject to be removed or changed incompatibly and could
break your application.
Please modify your code to eliminate dependence on any JDK internal APIs.
For the most recent update on JDK internal API replacements, please check:
https://wiki.openjdk.java.net/display/JDK8/Java+Dependency+Analysis+Tool

JDK Internal API                    Suggested Replacement
----------------                    ---------------------
sun.misc.BASE64Decoder              Use java.util.Base64 @since 1.8
```

jdeps 會回報類似範例 7-1 的 X500Name 這種被封裝的型態，連同建議的替代方案。第 184 頁的 "使用 jdeps" 會更詳細地討論如何使用 jdeps。

從 Java 8 開始，JDK 就加入 java.util.Base64，它是更好的替代方案。這個範例的解決方式很簡單：我們必須遷移至公用 API，才可以在 JDK 9 上運行。通常，移往 Java 9 會暴露本章討論領域中的大量技術債務。

使用 JAXB 與其他的 Java EE API

過去有一些 Java EE 技術，例如 JAXB，都附有 JDK 以及 Java SE API。這些技術在 Java 9 中仍然存在，但你需要特別注意。它們被放在以下的模組清單中：

- `java.activation`

- `java.corba`

- `java.transaction`

- `java.xml.bind`

- `java.xml.ws`

- `java.xml.ws.annotation`

在 Java 9，這些模組都是被棄用或被移除的。`@Deprecated` 註釋在 Java 9 有個新引數 `forRemoval`，當它被設為 true 時，代表未來的版本會移除這個 API 元素，對屬於 JDK 的 API 元素而言，這代表它可能會在下一個主要的版本中被移除。你可以在 JEP 277 找到更多關於棄用的細節（*http://openjdk.java.net/jeps/277*）。

將 JDK 的 Java EE 技術移除有很好的理由。Java SE 與 Java EE 在 JDK 裡面重疊的部分一直都令人費解。Java EE 應用程式伺服器通常會提供 API 的自訂實作，做法是將替代實作放在類別路徑上，覆寫預設的 JDK 版本。但是在 Java 9，這會產生問題，模組系統不允許多個模組提供相同的套件。在類別路徑上發現的重複套件（因此會在無名模組中）會被忽略。無論如何，如果 Java SE 與應用程式伺服器都提供 `java.xml.bind` 的話，將不會產生預期的行為。

這是很嚴重的現實問題，可能會破壞許多既有的應用程式伺服器與相關的工具。為了避免這個問題，在採用類別路徑的情況下，預設不會解析這些模組。我們來看一下圖 7-1 的平台模組圖。

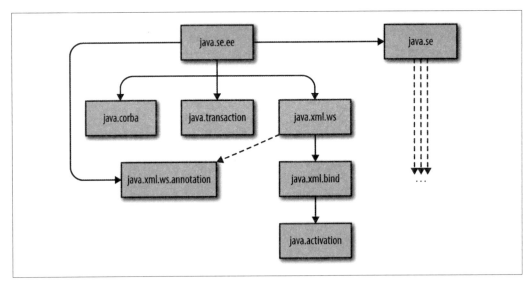

圖 7-1 JDK 模組圖的一部分，展示只能透過 java.se.ee 而非 java.se 接觸的模組

在最上面的是 java.se 與 java.se.ee 模組，它們都是聚合模組，裡面沒有程式碼，而是一組範圍較小的模組。在第 90 頁的 "聚合模組" 中，我們曾經詳細地討論聚合模組。大部分的平台模組都在 java.se 之下，這張圖沒有顯示它們（但是你可以在圖 2-1 看到完整的圖表）。java.se.ee 模組聚集了我們正在討論的模組，它們不屬於 java.se 聚合模組，其中包括內含 JAXB 型態的 java.xml.bind 模組。

預設情況下，當你在編譯與執行無名模組中的類別時，javac 與 java 都使用 java.se 作為根模組。程式碼可以操作透過 java.se 的傳遞性依賴關係匯出的任何套件。因此在 java.se.ee 之下，但是沒有在 java.se 之下的模組都不會被解析，所以它們不會被無名模組讀取。即使套件 javax.xml.bind 是從模組 java.xml.bind 匯出的也是如此，因為它在編譯或執行期都不會被解析。

如果我們要使用 java.se.ee 底下的模組，必須明確地將它們加入已解析的平台模組集合中。我們可以使用 javac 與 java 的 --add-modules 旗標來將它們當成根模組來加入。

我們來嘗試範例 7-3，基於 JAXB。這個範例會將一本 Book 序列化為 XML。

範例 7-3　*JaxbExample.java*（➡ *chapter7/jaxb*）

```java
package example;

import javax.xml.bind.JAXBContext;
import javax.xml.bind.JAXBException;
import javax.xml.bind.Marshaller;

public class JaxbExample {
    public static void main(String... args) throws Exception {
        Book book = new Book();
        book.setTitle("Java 9 Modularity");

        JAXBContext jaxbContext = JAXBContext.newInstance(Book.class);
        Marshaller jaxbMarshaller = jaxbContext.createMarshaller();

        jaxbMarshaller.setProperty(Marshaller.JAXB_FORMATTED_OUTPUT, true);

        jaxbMarshaller.marshal(book, System.out);
    }
}
```

在 Java 8，這個範例可以毫無問題地編譯與執行。在 Java 9，編譯期會出現一些錯誤：

```
example/JaxbExample.java:3: error: package javax.xml.bind is not visible
import javax.xml.bind.JAXBContext;
                ^
  (package javax.xml.bind is declared in module java.xml.bind, which is not
    in the module graph)
example/JaxbExample.java:4: error: package javax.xml.bind is not visible
import javax.xml.bind.JAXBException;
                ^
  (package javax.xml.bind is declared in module java.xml.bind, which is not
    in the module graph)
example/JaxbExample.java:5: error: package javax.xml.bind is not visible
import javax.xml.bind.Marshaller;
                ^
  (package javax.xml.bind is declared in module java.xml.bind, which is not
    in the module graph)
3 errors
```

當你用 Java 8 來編譯，並且用 Java 9 來執行程式，會出現一個例外，指出程式在執行期發生相同的問題。我們已經知道如何修正這個問題了：在 javac 與 java 呼叫中，加入 `--add-modules java.xml.bind`。

你可以加入一個 JAR 來提供 JAXB 給類別路徑，而非加入含有 JAXB 的平台模組。有一些熱門的（開放原始碼）程式庫可提供 JAXB 實作。因為在 JDK 中，Java EE 模組已被標記為移除，這是比較經得起未來考驗的解決方案。

請注意，我們在使用模組路徑時不會遇到這個問題。如果我們的程式位於模組中，它必須明確地定義對於 java.base 之外的任何模組的需求。對範例程式而言，這包括對 java.xml.bind 的依賴關係。在這個基礎上，模組系統可以解析這些模組，而不需要使用命令列旗標。

總之，當你使用 JDK 的 Java EE 程式碼時要小心，當你看到錯誤，告訴你看不到套件時，請用 --add-modules 來加入相關的模組。但是請注意，它們在下一個主要的 Java 版本會被移除。請改你自己的版本加到類別路徑，以避免未來的問題。

jdk.unsupported 模組

JDK 有一些內部的類別已經被證實難以封裝了，包括你可能從未用過 sun.misc.Unsafe 之類的東西，它們都是未受支援的類別，存在的目的，只是為了可以在 JDK 內部中使用。

出於效能的原因，其中有一些類別會被程式庫廣泛地使用。雖然我們可以說它們不應該這樣做，但有時這是唯一的選擇。其中一個著名的案例是 sun.misc.Unsafe，它可以執行低階的操作，繞過 Java 的記憶體模型與其他的安全網，但是在 JDK 外面的程式庫無法實作相同的功能。

如果這些類別被直接封裝，依賴它們的程式庫就再也無法與 JDK 9 一起使用，或至少不會不出現警告。理論上來說，這不是個回溯相容問題，畢竟原因出在這些程式庫濫用未受支援的實作類別。但是，有一些被高度使用的內部 API 對真實世界的影響會嚴重到無法忽略，特別是因為現在它們提供的功能沒有替代方案可用。

考慮到這一點，Java 採取一種妥協的辦法。JDK 團隊在研究有哪些 JDK 平台內部功能是最常被程式庫使用的，以及哪些只能在 JDK 內部實作之後，選擇在 Java 9 不封裝這些類別。

以下是維持可操作的特定類別與模組清單：

- sun.misc.{Signal,SignalHandler}
- sun.misc.Unsafe
- sun.reflect.Reflection::getCallerClass(int)
- sun.reflect.ReflectionFactory::newConstructorForSerialization

請記得，如果這些名稱對你來講沒有任何意義的話，**這是件好事**。但 Netty、Mockito 與 Akka 這些熱門的程式庫都會使用這些類別，不破壞那些程式庫也是件好事。

因為這些方法與類別的設計都不是為了在 JDK 外面使用的，它們都被移到一個稱為 jdk.unsupported 的平台模組，代表在未來的 Java 版本中，這個模組裡面的類別可能會被換成其他的 API。jdk.unsupported 模組會匯出與（或）開放含有之前談到的類別的內部套件。許多既有的使用都涉及深層反射，透過反射來使用這些類別**不會在執行期造成警告**，與第 155 頁的 "程式庫、強力封裝與 JDK 9 類別路徑" 中談到的情況不同。這是因為 jdk.unsupported 會在它的模組描述項中開放必要的套件，所以從這個角度來看，不會有非法的操作。

 雖然這些型態可以在不破壞封裝的情況下使用，但它們仍然未受支援，所以不鼓勵你使用它們。Java 的計畫是在未來提供支援的替代方案。例如，在 JEP 193 中提議用 *variable handles* 來取代 Unsafe 裡面的一些功能（ *http://openjdk.java.net/jeps/193* ）。在那之前，現狀仍然會維持。

如果程式仍然位於類別路徑上，任何事情都不會改變。程式庫可以像之前一樣使用類別路徑上的類別，在執行時不會看到任何警告或錯誤。編譯器會在編譯 jdk.unsupported 的類別時發出警告，而不是像編譯被封裝的型態時產生錯誤：

```
warning: Unsafe is internal proprietary API and may be
         removed in a future release
```

如果你想要以模組來使用這些型態，就必須 require jdk.unsupported。在模組描述項中加入這種 requires 陳述式應該視為一種警訊，在未來的 Java 版本中，你可能需要改變它，來適應被公開支援的 API，以取代未被支援的 API。

其他的改變

JDK 9 有許多其他的改變都有可能會破壞程式。例如,有些改變會影響工具製作者,以及使用 JDK 擴展機制的應用程式。其中的改變包括:

JDK 配置

因為平台模組化,龐大的 *rt.jar* 會儲存所有不復存在的平台類別。JDK 的配置本身已經發生很大的變化了,詳見 JEP 220(*http://openjdk.java.net/jeps/220*)。依賴 JDK 配置的工具或程式必須適應這個新的局面。

版本字串

所有的 Java 平台的版本開頭都採用 1.x 的日子已經過去了,Java 9 是用版本 9.0.0 來發表的。版本字串的語法與語義已經產生很大的變化。如果你的應用程式會對 Java 版本做任何形式的解析,請閱讀 JEP 223(*http://openjdk.java.net/jeps/223*)來瞭解所有的詳情。

擴展機制

Endorsed Standard Override Mechanism 這類的功能以及採用 `java.ext.dirs` 特性的擴展機制已經被移除了。它們都被 *upgradeable modules*(可升級模組)取代了。你可以在 JEP 220(*http://openjdk.java.net/jeps/220*)找到更多資訊。

這些都是高度專業的 JDK 功能,如果你的應用程式的確會依賴它們,它將無法與 JDK 9 一起使用。因為這些改變與 Java 模組系統沒有實際的關係,我們不會進一步詳細說明。在網路連結中的 JDK Enhancement Proposals(JEPs)裡面,會有說明如何處理這些情況的指引。

恭喜你!現在你已經知道如何在 JDK 9 上運行既有的應用程式了。雖然仍然有些東西可能會出錯,但是在多數情況下,程式依然可以正常工作。請記得用 `--illegal-access=deny` 來執行你的應用程式,為未來預做準備。修正以類別路徑來執行既有的應用程式會出現的問題之後,接下來我們要來瞭解如何讓它們更模組化。

第八章

遷移至模組

在之前的章節中學習模組的優點之後，你已經開始期望使用 Java 模組系統了。因為你已經瞭解基本的概念，所以現在編寫以模組為基礎的新程式相當簡單。

在真實的世界中，我們也有許多想要遷移至模組的既有程式。上一章已經展示如何將既有的程式遷移到 Java 9 了，雖然還沒有將基礎程式轉換成模組，但這是任何遷移方案的第一個步驟。知道這一點之後，我們可以在這一章把焦點放在遷移至 Java 模組系統上。

 我們並非建議你為了開始使用 Java 模組系統而遷移每一個既有的應用程式。如果你的應用程式已經不會被積極開發了，它或許不值得你做這項工作。此外，小型的應用程式可能無法從模組架構得到任何實際的好處。請在真正有意義時，才進行遷移，以改善可維護性、可變性與可重復使用性，而非只是為做而做。

遷移需要的工作量十分依賴基礎程式的結構良好程度。但是即使對架構良好的基礎程式而言，遷移至模組化的 runtime 也有可能是個富挑戰性的工作。大部分的應用程式都會使用第三方程式庫，當你進行遷移時，它們是很重要的因素。這些程式庫不一定都已經被模組化了，但你也不想要承擔這個責任。

幸運的是，Java 在設計模組系統時，把回溯相容性與遷移列為主要的考慮要素。Java 模組系統加入一些結構，可讓你對既有的程式做逐步遷移。在這一章，你將會學到這些將自己的程式遷移至模組的工具。當然，從程式庫維護者的角度來看，遷移需要採取稍微不同的程序。第 10 章會把重點放在這裡。

遷移策略

典型的應用程式會有應用程式碼（你的程式碼）與程式庫程式碼，應用程式碼會使用第三方程式庫的程式碼。理想情況下，我們使用的所有程式庫都已經是模組了，所以可以把焦點放在模組化我們自己的程式上。但是在 Java 9 問世的前幾年並非如此，有一些程式庫可能還無法當成模組來使用，而且也有可能永遠都不會如此，因為已經沒有人維護它們了。

如果我們痴心等待整個生態系統都變成模組，可能要等一段很長的時間。此外，你可能需要更新成使用這些程式庫的新版本，這本身也可能會出現一些問題。我們也可以手動修改程式庫，加入模組描述項，並將它們轉換成模組，但是這顯然需要許多工作量，並且需要分叉程式庫的版本，讓未來更難以更新。如果我們把焦點放在遷移自己的程式，讓程式庫保持目前的原貌的話，情況應該會好很多。

簡單的範例

你將會在本章看到幾個遷移範例，來瞭解你可能會在實務上遇到的各種情況。第一個簡單的應用程式會使用 Jackson 程式庫來將 Java 物件轉換成 JSON。我們需要三個 Jackson 專案的 JAR 檔案來執行這個應用程式：

- com.fasterxml.jackson.core
- com.fasterxml.jackson.databind
- com.fasterxml.jackson.annotations

這個範例使用的 Jackson JAR 檔案的版本（2.8.8）還沒有被模組化，它們是一般的 JAR 檔案，沒有模組描述項。

這個應用程式是以兩個類別組成的，範例 8-1 是它的主類別。這裡沒有列出 Book 類別，它是個代表一本書的簡單類別，裡面有 getters 與 setters。Main 含有一個主方法，它使用 com.fasterxml.jackson.databind 的 ObjectMapper 來將 Book 實例轉換成 JSON。

範例 8-1　*Main.java*（➡ *chapter8/jackson-classpath*）

```java
package demo;

import com.fasterxml.jackson.databind.ObjectMapper;

public class Main {

  public static void main(String... args) throws Exception {
    Book modularityBook =
      new Book("Java 9 Modularity", "Modularize all the things!");

    ObjectMapper mapper = new ObjectMapper();
    String json = mapper.writeValueAsString(modularityBook);
    System.out.println(json);

  }
}
```

範例中的 com.fasterxml.jackson.databind.ObjectMapper 類別是 *jackson-databind-2.8.8.jar* 的一部分。這一個 JAR 檔案與 *jackson-core-2.8.8.jar* 以及 *jackson-annotations-2.8.8.jar* 都有依賴關係。但是，這個依賴關係資訊是看不到的，因為 JAR 檔案不是模組。這個範例專案的初始檔案結構如下：

```
├── lib
│   ├── jackson-annotations-2.8.8.jar
│   ├── jackson-core-2.8.8.jar
│   └── jackson-databind-2.8.8.jar
└── src
    └── demo
        ├── Book.java
        └── Main.java
```

你已經在之前的章節中看過，Java 9 仍然可以使用類別路徑，我們會先以類別路徑來組建與執行，再開始遷移至模組。我們可以使用範例 8-2 的命令來組建與執行應用程式。

範例 8-2　*run.sh*（➡ *chapter8/jackson-classpath*）

```bash
CP=lib/jackson-annotations-2.8.8.jar:
CP+=lib/jackson-core-2.8.8.jar:
CP+=lib/jackson-databind-2.8.8.jar

javac -cp $CP -d out -sourcepath src $(find src -name '*.java')

java -cp $CP:out demo.Main
```

這個應用程式不需要做任何修改就可以用 Java 9 來編譯與執行了。

我們無法直接控制 Jackson 程式庫，但可以控制 Main 與 Book 程式，所以它們是遷移的重點。這種遷移情況很常見，我們想要將自己的程式移往模組，且不需擔心程式庫。Java 模組系統有一些小技巧，可讓我們做逐步遷移。

混合使用類別路徑與模組路徑

為了進行逐步遷移，我們可以混合使用類別路徑與模組路徑。這不是理想的情況，因為這樣只能享受 Java 模組系統部分的好處。但是，用小步驟來遷移有很多好處。

因為 Jackson 程式庫不是我們自己的原始程式，理想情況下，我們完全不會改變它們。所以我們會從上到下進行遷移，先遷移我們自己的程式碼。我們來將程式放入一個名為 books 的模組，你很快就會看到，這是不夠的，但我們先為模組建立一個簡單的 *module-info.java*：

```
module books {

}
```

注意，這個模組還沒有任何 requires 陳述式。這是很奇怪的事情，因為顯然我們與 *jackson-databind-2.8.8.jar* JAR 檔案的類別有依賴關係。因為現在我們有個真正的模組，所以可以用 --module-source-path 旗標來編譯程式。Jackson 程式庫不是模組，所以現在先讓它們待在類別路徑上：

```
CP=lib/jackson-annotations-2.8.8.jar:
CP+=lib/jackson-core-2.8.8.jar:
CP+=lib/jackson-databind-2.8.8.jar

javac -cp $CP -d out --module-source-path src -m books

src/books/demo/Main.java:3: error:
package com.fasterxml.jackson.databind does not exist

import com.fasterxml.jackson.databind.ObjectMapper;
                                      ^
src/books/demo/Main.java:11: error: cannot find symbol
    ObjectMapper mapper = new ObjectMapper();
    ^
  symbol:    class ObjectMapper
```

```
    location: class Main
src/books/demo/Main.java:11: error: cannot find symbol
    ObjectMapper mapper = new ObjectMapper();
                              ^
    symbol:    class ObjectMapper
    location: class Main
3 errors
```

顯然編譯器不太開心！雖然 *jackson-databind-2.8.8.jar* 仍然在類別路徑上,但編譯器告訴我們,它無法在模組中使用它們。模組無法讀取類別路徑,所以我們的模組無法使用類別路徑上的型態,如圖 8-1 所示。

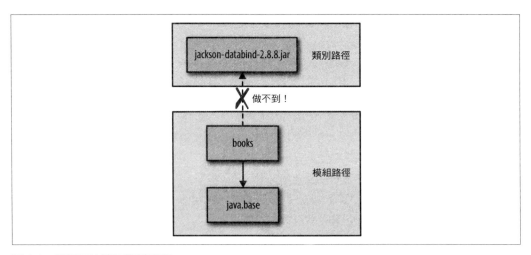

圖 8-1　模組無法讀取類別路徑

無法讀取類別路徑是好事,因為我們希望明確地知道依賴關係,雖然這需要在遷移過程中多做一些工作。如果模組可以讀取類別路徑,除了它們的關係之外,其他的資訊都是未知的。

話雖如此,現在應用程式仍然無法編譯,所以我們先來試著修復它。無法依賴類別路徑時,唯一的方法就是將我們的模組使用的程式也寫成模組,所以我們得將 *jackson-databind-2.8.8.jar* 轉換成模組。

自動模組

Jackson 程式庫的原始程式是開放原始碼的，所以我們可以自行修改程式，將它轉換成模組。在有一長串的（傳遞性）依賴關係的大型應用程式中，修改所有的依賴關係會讓人退避三舍，而且，我們可能不夠瞭解程式庫，所以無法妥善地將它們模組化。

Java 模組系統有一種實用的功能：*自動模組*（*automatic modules*），它可以處理還不是模組的程式碼。你可以將類別路徑上的 JAR 檔案移往模組路徑來建立自動模組，不需要改變它的內容。這種做法會將 JAR 轉換成模組，包括模組系統即時建立的模組描述項。與它對比的是*明確模組*（*explicit modules*），它一定有個使用者定義的模組描述項。我們到目前為止看過的所有模組都是明確模組，包括平台模組。自動模組的行為與明確模組不同，自動模組有以下的特性：

- 它沒有 *module-info.class*。
- 它有個以 *META-INF/MANIFEST.MF* 指定的模組名稱，或從它的檔名衍生的名稱。
- 它會 requires transitive 所有其他自動模組。
- 它會匯出它的所有套件。
- 它會讀取類別路徑（或更精確地說，之前提過的*無名模組*）。
- 它不能有與其他模組共同擁有劈腿套件。

這些特性可讓其他的模組立刻使用自動模組，不過請注意，這不是良好設計的模組。requrie 所有模組與匯出所有套件看起來不像正確的模組化，但至少它是堪用的。

*require 所有其他自動模組*是什麼意思？自動模組會 require 在已經解析的模組圖中的每一個自動模組。請記得，自動模組仍然沒有明確的資訊可告訴模組系統哪些別的模組是它真正需要的。這代表如果自動模組有缺少的依賴項目時， JVM 無法在啟動時發出警告。身為開發者的我們必須負責確保模組路徑（或類別路徑）含有所有被 require 的依賴關係。這與使用類別路徑沒有太大的不同。

自動模組會傳遞性地 require 模組圖的所有自動模組。這實際上意味著，如果你 require 一個自動模組，就可以潛在 "免費" 讀取所有其他自動模組，這是一種取捨，我們很快就會進一步討論。

我們來將 *jackson-databind-2.8.8.jar* JAR 檔案移到模組路徑,將它轉換成一個自動模組。
首先,我們將 JAR 檔案移到一個新的目錄,這個範例稱它為 *mods*:

```
├── lib
│   ├── jackson-annotations-2.8.8.jar
│   └── jackson-core-2.8.8.jar
├── mods
│   └── jackson-databind-2.8.8.jar
└── src
    └── books
        ├── demo
        │   ├── Book.java
        │   └── Main.java
        └── module-info.java
```

接下來我們必須修改 books 模組內的 *module-info.java*,來 require jackson.databind:

```
module books {
  requires jackson.databind;
}
```

books 模組就像是個一般模組地 requires jackson.databind。但是模組名稱是從哪裡來
的?你可以用新加入的 *META-INF/MANIFEST.MF* 檔案的 Automatic-Module-Name 欄位來指
定自動模組的名稱。這種方式可讓程式庫維護者選擇模組名稱,甚至可在它們將程式庫
完全地遷移為模組系統之前。要進一步瞭解這種模組命名方式,請參考第 209 頁的 "選
擇程式庫模組名稱"。

如果你沒有指定名稱,模組名稱會從 JAR 的檔名衍生。命名演算法大致如下:

- 破折號(-)會被換成句點(.)。
- 版本名稱會被省略。

在 Jackson 範例中,模組名稱來自檔名。

我們現在可以使用以下的命令,成功地編譯這個程式了:

```
CP=lib/jackson-annotations-2.8.8.jar:
CP+=lib/jackson-core-2.8.8.jar

javac -cp $CP --module-path mods -d out --module-source-path src -m books
```

現在我們已經將 *jackson-databind-2.8.8.jar* JAR 從類別路徑移除,並設置一個模組路徑,
指向 *mods* 目錄了。圖 8-2 是所有程式碼的位置總覽。

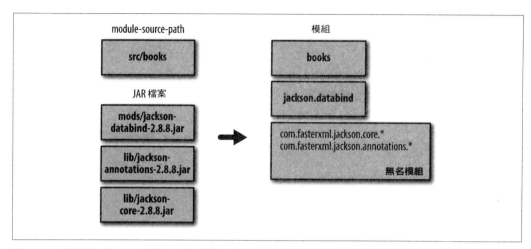

圖 8-2　未模組化的 JAR 在模組路徑會變成自動模組。類別路徑會變成無名模組

為了執行這個程式，我們也必須更新 java 呼叫：

```
java -cp $CP --module-path mods:out -m books/demo.Main
```

我們對 java 命令做以下的改變：

- 將 *out* 目錄移往模組路徑。

- 從類別路徑（*lib*）將 *jackson-databind-2.8.8.jar* 移往模組路徑（*mods*）。

- 使用 -m 旗標來指定模組，以啟動應用程式。

 我們也可以將所有的 JAR 移往模組路徑，而非只移動 *jackson-databind*，
讓這個程序更簡單。但是如此一來，你就無法清楚地看到過程中發生的事
情。當你在遷移自己的應用程式時，可放心地將所有的 JAR 移至模組路
徑。

我們已經快完成遷移第一個應用程式了，但不幸的是，當我們啟動這個應用程式時，依
然看到一個例外：

```
Exception in thread "main" java.lang.reflect.InaccessibleObjectException:
  Unable to make public java.lang.String demo.Book.getTitle() accessible:
  module books does not "exports demo" to module jackson.databind
  ...
```

這是 Jackson Databind 專屬的問題，但並不罕見。我們使用 Jackson Databind 來整頓 Book 類別，這個類別屬於 books 模組。Jackson Databind 會使用反射來查看類別的欄位，以便將它序列化。因此，Jackson Databind 必須能夠操作 Book 類別，否則它就無法使用反射來查看它的欄位了。為了做到這一點，含有這個類別的套件必須被它的模組（在這個範例是 books）匯出或開放。匯出套件會將 Jackson Databind 限制成只能反射公用元素，而開放套件也會容許它做深層反射。在我們的範例中，反射公用元素就夠了。

這讓我們處於一個尷尬的處境，我們會只因為 Jackson 需要，就匯出含有 Book 的套件給其他的模組。一旦這樣做，我們就放棄封裝，但封裝是我們改為模組的主要理由！有幾個方法可以處理這個問題，但每一種都有它自己的取捨。第一種方法是使用限定匯出。我們可以使用限定匯出，只將套件匯出給 jackson.databind，因此就不會失去對其他模組的封裝：

```
module books {
  requires jackson.databind;

  exports demo to jackson.databind;
}
```

重新編譯後，我們就可以成功執行這個應用程式了！當涉及反射時，另一種做法或許比較符合我們的需求，下一節將會說明。

關於使用自動模組的警告

雖然自動模組是在遷移時不可或缺的元素，但你應該小心地使用它們。當你對自動模組編寫 requires 時，務必提醒自己，當程式庫被發表為明確模組時，就要回來修改它。

編譯器也加入兩個警告來協助你記得這一點。注意，讓 Java 編譯器提供這些警告只是一種建議，所以不同的編譯器實作可能會有不同的結果。第一個警告是退出（opt out，預設情況下是啟用的），它會在你每次對自動模組做 requires transitive 時發出警告，你可以用 -Xlint:-requires-transitive-automatic 旗標來停用這個警告。注意在冒號後面的破折號（-）。第二個警告是加入（opt in，預設情況下是停用的），會在你每次 requires 自動模組時發出警告，你可以用 -Xlint:requires-automatic（冒號後面沒有破折號）旗標來啟用這個警告。第一種警告是預設啟用的原因是，它是比較危險的情況。因為你正在（可能是草率地）藉由默認可讀性來公開一個自動模組給你的模組的使用方。

> 可以的話，請將自動模組換成明確模組，如果還沒有明確模組，請要求程式庫維護者提供。也請記得，這種模組可能會有具備更多限制的 API，因為在預設情況下，程式庫維護者應該不想匯出所有的套件。這可能會讓你在從自動模組切換成明確模組，且程式庫維護者已經建立模組描述項時需要做額外的工作。

開放套件

在反射的情況下使用 exports 有一些需要注意的地方。首先，授予套件編譯期可讀性，但只想要在執行期（反射）使用是很奇怪的事情。框架通常會使用反射來操作應用程式碼，但它們不需要取得編譯期可讀性。此外，我們可能無法事先知道哪個模組需要可讀性，所以不可能做限定匯出。

使用 Java Persistence API（JPA）是這種情況的案例之一。當你使用 JPA 時，通常會使用標準化的 API 來編寫程式。在執行期，你會使用這種 API 的實作，例如 Hibernate 或 EclipseLink。API 與實作都住在不同的模組中，且實作必須能夠操作你的類別。如果我們將 exports com.mypackage to hibernate.core 或類似的東西放在我們的模組中，就會突然耦合實作。改變 JPA 實作會讓我們需要改變程式的模組描述項，這是洩漏實作細節的明顯標記。

在第 118 頁的 "開放模組與套件" 中談過，涉及反射時，會出現另一個問題，當你將套件匯出時，只會匯出套件內的公用型態，受保護的或套件私用的類別，以及非公用方法與被匯出的類別裡面的欄位，都是不可操作的。就算套件是被匯出的，對它使用 setAccessible 來做深層反射也是沒有效果的。為了做深層反射（許多框架都需要），你必須**開放**套件。

回到我們的 Jackson 範例，我們可以使用 opens 關鍵字來取代對 jackson.databind 限定匯出：

```
module books {
  requires jackson.databind;

  opens demo;
}
```

將套件開放，可讓任何模組在執行期操作（包括深層反射）它的型態，但不能在編譯期操作。這可避免其他人**在編譯期**不小心使用你的實作程式，並且讓框架可**在執行期**

毫無問題地施展它們的魔法。當你只需要做執行期操作時，多數情況下，opens 都是很好的選項。請記得，開放套件沒有被真正封裝，其他的模組一定可以使用反射來操作套件。但是至少可讓我們在開發過程中受到保護，避免意外的使用，它也明確地指出這個套件不是要讓其他的模組直接使用的。

如同 exports 關鍵字，你也可以限定 opens 關鍵字，只將套件公開給有限的模組集合：

```
module books {
  requires jackson.databind;

  opens demo to jackson.databind;
}
```

現在你已經知道兩種處理執行期操作問題的方法了，我們還有一個問題：為什麼我們只在執行應用程式時發現這個問題，而不是在編譯的過程中？為了進一步瞭解這種情況，我們來複習一下可讀性規則。要讓一個類別可被其他模組的其他類別讀取，它必須滿足以下的需求：

- 類別必須是公用的（忽略深層反射的案例）。

- 在其他模組中的套件必須被匯出，或被開放（做深層反射時）。

- 使用方模組與其他的模組必須有可讀性關係（requires）。

通常這些都可以在編譯期檢查。但是 Jackson Databind 與我們的程式碼沒有編譯期依賴關係，它之所以知道我們的 Book 類別，只是因為我們用引數來將它傳給 ObjectMapper。這代表編譯器不會協助我們。在做反射時，執行期會負責自動設定可讀性關係（requires），所以這個步驟會被處理。接下來它會發現這個類別在執行期既未被匯出，也未被開放（因此不可操作），這不會被 runtime 自動 "修正"。

如果 runtime 聰明到可以自動添加可讀性關係，何不也負責開放套件？這與動機以及模組的擁有權有關。當程式使用反射來操作其他模組的程式時，從模組的角度來看，其動機顯然是讀取其他的模組，所以我們不需要額外聲明（甚至做更多事情）這一點。但是對 exports/opens 而言不是如此，模組的擁有者應該負責決定要將哪些套件匯出或開放。只有模組本身應該定義這個動機，所以 runtime 無法用一些其他模組的行為來自動推斷。

許多框架都以類似的方式來使用反射，所以在遷移之後進行測試相當重要。

第 155 頁的 "程式庫、強力封裝與 JDK 9 類別路徑" 中談到,在預設情況下,Java 9 是用 --illegal-access=permit 來執行的。為什麼我們仍然需要明確地開放套件以供反射?請記得,--illegal-access 只會影響類別路徑上的程式。在這個範例中,jackson.databind 本身是對我們的模組(不是平台模組)內的程式進行反射的模組,沒有任何類別路徑上的程式牽涉其中。

開放模組

在上一節,你已經看過使用開放套件來提供只能在執行期執行的套件操作了。這可以大大地滿足許多框架與程式庫的反射需求。如果我們在大型遷移的半途中,尚未將基礎程式完全模組化,可能無法立即知道需要開放哪些套件。我們或許知道我們使用的框架與程式庫如何操作我們的程式碼,卻不熟悉基礎程式。這可能會導致冗長的試誤程序,試著找出要開放的套件。為此,我們可以使用**開放模組**,它是一種較不精確,但相當強大的工具:

```
open module books {
  requires jackson.databind;
}
```

開放模組可讓你在執行期操作它的所有套件。它並未授權你在編譯期操作套件,這正是我們希望遷移後的程式可以做到的。如果你要讓套件可在編譯期被使用,就必須匯出它。先建立一個開放模組來避免與反射有關的問題,可以協助你把焦點放在 requires 與編譯期的使用(exports)上。當應用程式再次運作時,你也可以微調執行期的套件操作,移除模組的 open 關鍵字,並且更具體地調整應該開放的套件。

破壞封裝的 VM 引數

有時我們無法對模組加入 export 或 opens,或許是因為我們無法操作程式碼,或者我們只有在測試的過程中才需要操作它。在這些情況下,我們可以使用 VM 引數來設置額外的匯出。你已經在第 158 頁的 "編譯與被封裝的 API" 中看過它在平台模組上的行為了,我們可以對其他的模組做同樣的事情,包括我們的模組。

我們可以使用命令列旗標來達到相同的結果,取代在 books 模組描述項中加入 exports 或 opens 子句:

```
--add-exports books/demo=jackson.databind
```

所以執行應用程式的完整命令如下：

```
java -cp lib/jackson-annotations-2.8.8.jar:lib/jackson-core-2.8.8.jar \
  --module-path out:mods \
  --add-exports books/demo=jackson.databind \
  -m books/demo.Main
```

它會在啟動 JVM 時設定一個限定匯出。我們也有類似的旗標可用來開放套件：`--add-opens`。雖然這些旗標在特殊情況下很實用，但你應該將它們視為最終的手段。上一章談過，我們也可以用同樣的機制來操作內部、未被匯出的套件。雖然你可以將它當成妥善地遷移程式碼之前的暫時性手段，但必須很小心地使用它，不要草率地破壞封裝。

自動模組與類別路徑

在上一章，你已經看過*無名模組*了。在類別路徑上的所有程式都屬於無名模組。你已經從 Jackson 範例知道，你正在編譯的模組中的程式碼不能操作在類別路徑上的程式碼。為何 `jackson.databind` 自動模組依賴的 Jackson Core 與 Jackson Annotations JARs 仍然在類別路徑上時，它仍然可以正確地工作？原因是這些程式庫都在無名模組中。無名模組會匯出在類別路徑上的所有程式，並讀取所有其他的模組。但是這有一個很大的限制：只有自動模組能夠讀取無名模組！

圖 8-3 說明自動模組與明確模組在讀取無名模組時的差異。明確模組只能讀取其他的明確模組和自動模組。自動模組可以讀取所有的模組，包括無名模組。

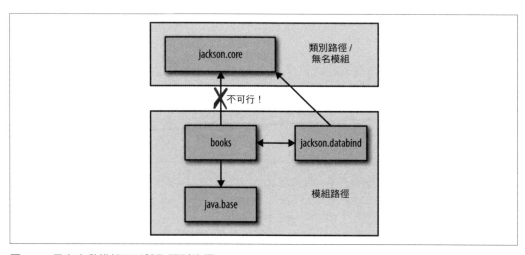

圖 8-3　只有自動模組可以讀取類別路徑

無名模組的可讀性，只是你在遷移過程中，混合使用類別路徑與模組路徑時，協助自動模組的機制。如果我們在程式中直接使用來自 Jackson Core 的型態（而不是自動模組的），就也要將 Jackson Core 移往模組路徑。見範例 8-3。

範例 8-3　*Main.java*（➥ *chapter8/readability_rules*）

```java
package demo;

import com.fasterxml.jackson.databind.ObjectMapper;
import com.fasterxml.jackson.core.Versioned; ❶

public class Demo {

  public static void main(String... args) throws Exception {
    Book modularityBook =
      new Book("Java 9 Modularity", "Modularize all the things!");

    ObjectMapper mapper = new ObjectMapper();
    String json = mapper.writeValueAsString(modularityBook);
    System.out.println(json);

    Versioned versioned = (Versioned) mapper; ❷
    System.out.println(versioned.version());

  }
}
```

❶ 從 Jackson Core 匯入 Versioned 型態

❷ 使用 Versioned 型態來印出程式庫的版本

Jackson Databind ObjectMapper 型態實作了 Jackson Core 的 Versioned 介面。注意，在我們開始在模組中明確地使用這個型態之前，這都沒有問題。當我們在模組中使用外部的型態時，會立刻想到使用 requires。我們來試著編譯程式來展示這種做法，這會產生一個錯誤：

```
src/books/demo/Main.java:4: error:
package com.fasterxml.jackson.core does not exist

import com.fasterxml.jackson.core.Versioned;
                                  ^
src/books/demo/Main.java:16: error:
cannot find symbol
    Versioned versioned = (Versioned)mapper;
    ^
  symbol:   class Versioned
```

```
    location: class Main
src/books/demo/Main.java:16: error:
cannot find symbol
    Versioned versioned = (Versioned)mapper;
                            ^
  symbol:   class Versioned
  location: class Main
3 errors
```

雖然這個型態在無名模組裡面（類別路徑），且 jackson.databind 自動模組可以操作它，但我們無法在模組內操作它。為了修正這個問題，我們也必須將 Jackson Core 移往模組路徑，讓它成為自動模組。我們將 JAR 檔案移往 *mods* 目錄，並將它從類別路徑移除，如同之前對 Jackson Databind 做的事情：

```
javac -cp lib/jackson-annotations-2.8.8.jar \
  --module-path mods \
  -d out \
  --module-source-path src \
  -m books
```

這樣有效！但是，退一步看，為何它有效？我們顯然使用了來自 jackson.core 的型態，但沒有在 *module-info.java* 中 requires jackson.core。為什麼不會編譯失敗？請記住，自動模組會 requires transitive 所有其他模組，也就是說，藉由 require jackson.databind，我們也會傳遞性地讀取 jackson.core。雖然這很方便，卻是一個很大的取捨。我們與一個沒有明確地 require 的模組有個明確的程式碼依賴關係。如果 jackson.databind 被移到明確模組，且 Jackson 的維護者選擇不 requires transitive jackson.core，我們的程式就會突然無法動作。

請小心，雖然自動模組看起來很像模組，但它們沒有詮釋資料可提供可靠的配置。在這個範例中，我們最好也明確地加入對 jackson.core 的 requires：

```
module books {
  requires jackson.databind;
  requires jackson.core;

  opens demo;
}
```

現在我們可以再次開心地編譯了，也可以修改執行命令。因為我們已經正確地設置模組路徑了，所以必須將類別路徑上的 Jackson Core JAR 檔案移除：

```
java \
  -cp lib/jackson-annotations-2.8.8.jar \
```

```
--module-path out:mods \
-m books/demo.Main
```

如果你覺得很奇怪，為何 jackson.core 已被解析了（它沒有被明確地當成根模組加到模組圖，也沒有明確模組直接依賴它），代表你很用心！在第 28 頁的 "模組解析與模組路徑" 曾經詳細地說明，已解析模組的集合是根據給定的根模組集合來計算的。對自動模組的案例而言，這會產生模糊地帶。自動模組沒有明確的依賴關係，所以它們不會造成也屬於自動模組的傳遞性依賴關係被解析。因為手動使用 --add-modules 來加入依賴關係很浪費時間，模組路徑上的所有自動模組會在應用程式 requires 它們其中的任何一個時被自動解析。這種行為會讓沒有用到的自動模組被解析（佔用沒必要的資源），所以請保持模組路徑的乾淨。

但是，這種行為很像我們之前使用類別路徑時的行為。這再次說明自動模組是一種可讓你直接從類別路徑遷移至模組的功能。

為什麼 JVM 不聰明一些？它既然要操作自動模組中的所有程式，為什麼不分析依賴關係？為了分析是否有程式呼叫別的模組，JVM 必須執行所有程式碼的 bytecode 分析。雖然這不難實作，但它是一種昂貴的運算，可能會讓大型的應用程式增加許多啟動時間。此外，這種分析不會找到因為反射而產生的依賴關係。因為這些限制，JVM 不做這件事，也可能永遠不會。作為替代，JDK 附帶另一種工具，jdeps，可執行這種 bytecode 分析。

使用 jdeps

在上述的 Jackson 範例中，我們使用一種試誤法來遷移程式。它可以讓你瞭解過程中發生的事情，但這種做法沒有效率。jdeps 是一種 JDK 附帶的工具，可分析程式碼，並提供模組依賴關係資訊。我們可以使用 jdeps 來將之前做過的程序最佳化，來遷移 Jackson 範例。

我們會先使用 jdeps 來分析類別路徑版本的範例，再遷移至（自動）模組。jdeps 分析的是 bytecode，不是原始程式檔，所以我們感興趣的只有應用程式的輸出資料夾與 JAR 檔案。作為參考，以下是編譯只使用類別路徑的 books 範例後的版本，也就是本章開頭的版本：

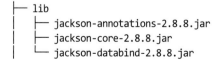

```
├── lib
│   ├── jackson-annotations-2.8.8.jar
│   ├── jackson-core-2.8.8.jar
│   └── jackson-databind-2.8.8.jar
```

```
└─ out
   └─ demo
      ├─ Book.class
      └─ Main.class
```

我們可以使用以下的命令來分析這個應用程式：

```
$ jdeps -recursive -summary -cp lib/*.jar out

jackson-annotations-2.8.8.jar -> java.base
jackson-core-2.8.8.jar -> java.base
jackson-databind-2.8.8.jar -> lib/jackson-annotations-2.8.8.jar
jackson-databind-2.8.8.jar -> lib/jackson-core-2.8.8.jar
jackson-databind-2.8.8.jar -> java.base
jackson-databind-2.8.8.jar -> java.desktop
jackson-databind-2.8.8.jar -> java.logging
jackson-databind-2.8.8.jar -> java.sql
jackson-databind-2.8.8.jar -> java.xml
out -> lib/jackson-databind-2.8.8.jar
out -> java.base
```

-recursive 旗標可確保傳遞性執行期依賴關係也會被分析。例如，如果沒有它，*jackson-annotations-2.8.8.jar* 就不會被分析。顧名思義，-summary 旗標會列出輸出的摘要。預設情況下，jdeps 會輸出每一個套件完整的依賴關係清單，它可能是個很長的清單。這份摘要只會顯示模組依賴關係，並隱藏套件細節。-cp 引數是我們在分析時想要使用的類別路徑，它應該對應至執行期類別路徑。*out* 目錄含有必須分析的應用程式類別檔。

我們可以從 jdeps 的輸出知道幾件事情：

- 我們自己的程式（在 *out* 目錄中）只與 *jackson-databind-2.8.8.jar* 有直接的編譯期依賴關係（當然，還有 java.base）。

- Jackson Databind 與 Jackson Core 和 Jackson Annotations 有依賴關係。

- Jackson Databind 與一些平台模組有依賴關係。

根據這個輸出，我們可以得到一個結論：為了將程式遷移到模組，我們也必須讓 jackson-databind 成為自動模組。我們也看到 jackson-databind 依賴 jackson-core 與 jackson-annotations，所以你必須用類別路徑或自動模組來提供它們。如果我們想要知道**為何**存在某個依賴關係，可以使用 jdeps 來印出更多細節。移除上述命令中的 -summary 引數可印出完整的依賴關係圖，明確顯示有哪些套件 require 哪些其他的套件：

```
$ jdeps -cp lib/*.jar out

com.fasterxml.jackson.databind.util (jackson-databind-2.8.8.jar)
      -> com.fasterxml.jackson.annotation jackson-annotations-2.8.8.jar
      -> com.fasterxml.jackson.core jackson-core-2.8.8.jar
      -> com.fasterxml.jackson.core.base jackson-core-2.8.8.jar

... Results truncated for readability
```

如果這還不夠詳細，你也可以指示 jdeps 印出類別層級的依賴關係：

```
$ jdeps -verbose:class -cp lib/*.jar out

out -> java.base
   demo.Main (out)
      -> java.lang.Object
      -> java.lang.String
   demo.Main (out)
      -> com.fasterxml.jackson.databind.ObjectMapper jackson-databind-2.8.8.jar

... Results truncated for readability
```

我們已經將 jdeps 用在採用類別路徑的應用程式上了，我們也可以對模組使用 jdeps。我們來試著對 Jackson 範例使用 jdeps，其中所有的 Jackson JARs 都是自動模組：

```
├── mods
│     ├── jackson-annotations-2.8.8.jar
│     ├── jackson-core-2.8.8.jar
│     └── jackson-databind-2.8.8.jar
├── out
│     └── books
│          ├── demo
│          │     ├── Book.class
│          │     └── Main.class
│          └── module-info.class
│
```

為了呼叫 jdeps，現在我們必須傳入含有應用程式模組與自動 Jackson 模組的模組路徑：

```
$ jdeps --module-path out:mods -m books
```

這會像之前一樣印出依賴關係圖。從（很長的）輸出中，我們可以看到：

```
module jackson.databind (automatic)
 requires java.base
   com.fasterxml.jackson.databind
     -> com.fasterxml.jackson.annotation jackson.annotations
   com.fasterxml.jackson.databind
```

```
        -> com.fasterxml.jackson.core jackson.core
    com.fasterxml.jackson.databind
        -> com.fasterxml.jackson.core.filter jackson.core

...

module books
  requires jackson.databind
  requires java.base
    demo -> com.fasterxml.jackson.databind jackson.databind
    demo -> java.io java.base
    demo -> java.lang java.base
```

我們可以看到，jackson.databind 與 jackson.annotations 和 jackson.core 有依賴關係，也可以看到，books 只與 jackson.databind 有依賴關係。books 程式不會在編譯期使用 jackson.core 類別，所以沒有為自動模組定義傳遞性依賴關係。請記得，JVM 不會在應用程式啟動時做這項分析，這代表我們必須自行負責將 jackson.annotations 與 jackson.core 加到類別路徑或模組路徑。jdeps 會提供一些資訊來協助正確地設定它。

> 你可以使用 -dotoutput 旗標來讓 jdeps 輸出 *dot* 模組圖檔案，這是一種實用的圖表格式，很容易就可以用來生成圖像。Wikipedia 為這種格式提供一個很好的介紹（*https://en.wikipedia.org/wiki/DOT_(graph_description_language)*）。

動態載入程式碼

當你遷移至模組時，可能需要特別注意一種情況，也就是使用反射來載入程式。其中一個眾所周知的例子是載入 JDBC 驅動程式。你將會看到，在多數情況下，載入 JDBC 驅動程式"只是可以正常動作"，但有些邊緣案例可讓我們更瞭解模組系統。我們從範例 8-4 開始看起，它會載入一個位於專案的 *mods* 目錄內的 JDBC 驅動程式。HSQLDB 驅動程式 JAR 還不是模組，所以我們只能藉由自動模組來使用它。

因為類別的名稱只是個字串，編譯器將無法知道依賴關係，所以編譯可以成功。

範例 8-4　*Main.java*（➡ *chapter8/runtime_loading*）

```
package demo;

public class Main {
```

```java
public static void main(String... args) throws Exception {
    Class<?> clazz = Class.forName("org.hsqldb.jdbcDriver");
    System.out.println(clazz.getName());
  }
}
```

模組描述項（見範例 8-5）是空的，它沒有 require *hsqldb*，也就是我們試著載入的驅動程式。雖然這通常很可疑，但是理論上，它仍然可以動作，因為 runtime 對其他模組的程式進行反射時，會自動建立一個可讀性關係。

範例 *8-5   module-info.java*（➥ *chapter8/runtime_loading*）

```java
module runtime.loading.example {
}
```

但是，執行這段程式會產生 ClassNotFoundException 失敗：

```
java --module-path mods:out -m runtime.loading.example/demo.Main

Exception in thread "main" java.lang.ClassNotFoundException:
  org.hsqldb.jdbcDriver
```

如果應用程式至少使用你看到的所有自動模組之中的一個模組，它們全部都會被解析。解析是在啟動時發生的，所以實際上，我們的模組不會造成自動模組的載入。如果我們有其他直接 require 的自動模組，就會產生副作用，造成 hsqldb 模組也會被解析。在這種情況下，我們可以使用 --add-modules hsqldb 來自行加入自動模組。

現在驅動程式載入了，但是有其他的錯誤，因為驅動程式依賴 java.sql，它還沒有被解析。請記住，自動模組沒有詮釋資料可具體 require 其他的模組。在實務上，當我們使用 JDBC 時，必須在我們的模組 require java.sql，才能在載入驅動程式之後使用 JDBC API。這代表我們要像範例 8-6 一樣，將它加到模組描述項。

範例 *8-6   module-info.java*（➥ *chapter8/runtime_loading*）

```java
module runtime.loading.example {
    requires java.sql;
}
```

現在程式可以成功執行了。因為我們的模組 require java.sql，所以看到另一個有趣的自動模組解析案例。如果我們再次移除 --add-modules hsqldb，應用程式仍然可以執行！為何 require java.sql 會造成自動模組被載入？因為 java.sql 定義了 java.sql.Driver 服務介面，而且對這個服務型態也有個 uses 限制。我們的 *hsqldb* JAR 提供一個服務，它是

透過 "舊" 方法，使用 *META-INF/services* 裡面的檔案來註冊的。因為服務綁定，JAR 會被自動從模組路徑解析。這牽涉到模組系統的細節，但很容易瞭解。

為什麼不直接將 requires hsqldb 放入我們的模組描述項就好了？雖然我們通常想要將依賴關係放在模組描述項，來盡可能地讓它明確化，但這個很好的案例可以說明這個經驗法則不適用的地方。我們使用的 JDBC 驅動程式通常會依賴應用程式的部署環境，其中，確切的驅動程式名稱是在一個設置檔中設置的。在這種情況下，應用程式碼不應該與特定的資料庫驅動程式耦合（雖然在我們的範例中，它是如此）。作為替代，我們只加入 --add-modules 來確保驅動程式的解析，含有驅動程式的模組會出現在被解析的模組圖中，且反射實例化會建立對於這個模組的可讀性關係。

如果 JDBC 驅動程式支援它（如同 HSQLDB），最好完全避免從應用程式碼做反射式實例化，改為使用服務。服務的詳情請見第 4 章。

劈腿套件

第 94 頁的 "劈腿套件" 已經解釋過**劈腿套件**的問題了。複習一下，劈腿套件代表有兩個模組含有相同的套件。Java 模組系統不容許劈腿套件。

當你使用自動模組時，也會遇到劈腿套件。在大型的應用程式中，經常會發現因為依賴關係管理不善而產生的劈腿套件。劈腿套件一定是個錯誤，因為它們在類別路徑上也無法可靠地工作。不幸的是，當你使用組建工具來解析傳遞性依賴關係時，很容易就會產生多個版本的同一個程式庫。在類別路徑上找到的第一個類別會被載入。如果有來自兩個版本的程式庫的類別混在一起，通常就會造成難以除錯的執行期例外。

 現代的組建工具通常有一個設定，會在有重複的依賴關係時失敗，可讓依賴關係的管理問題更明確，並強迫你儘早處理它們。強烈建議你使用它。

Java 模組系統處理這個問題的方式比類別路徑嚴格許多，當它發現有套件是從模組路徑上的兩個模組匯出的時候，就會拒絕啟動。這種快速失敗的機制比我們在類別路徑碰到的不可靠情況還要好很多。在開發期間遇到失敗，比讓某位不幸的使用者因為程式碼路徑被莫明其妙的類別路徑問題破壞，而遇到產品的失敗還要好。但是這也代表我們必須處理這些問題，盲目地將所有的 JARs 從類別路徑移往模組路徑可能會產生自動模組之間的劈腿套件，它們會被模組系統拒絕。

為了讓**遷移更容易**，這條規則在涉及自動模組與無名模組時有一個例外。它會承認有許多類別路徑是不正確的，並且含有劈腿套件。當有一個（自動）模組與無名模組都含有相同的套件時，就會使用來自該模組的套件，忽略在無名模組內的套件。對屬於平台模組的套件而言也是如此。我們經常會將平台套件放在類別路徑上來覆寫它，這種做法在 Java 9 中已經失效了，你已經在之前的章節中看過這個情況，並且知道因為這個原因，java.se.ee 模組沒有被放入 java.se 模組。

如果你在遷移到 Java 9 時遇到劈腿套件問題，你必須面對它、處理它，就算從使用者的觀點來看，使用類別路徑的應用程式可以正確動作也該如此。

這一章展示許多可讓你逐步遷移至 Java 模組系統的技術，這些技術相當寶貴，因為 Java 生態系統還需要一段時間才會完全移往 Java 模組系統。自動模組在遷移時扮演重要的角色，因此，完全瞭解它們的工作方式非常重要。

第九章

遷移案例研究：
Spring 與 Hibernate

第 8 章介紹了可將應用程式遷移到模組的所有工具。這一章要透過案例研究來整合所有的內容。我們要將一個使用 Spring 與 Hibernate 且功能齊全的應用程式遷移到模組。請注意，我們故意使用 "傳統的" Spring/Hibernate 開發案例，而不是用最現代的做法，我們會使用 Java 9 之前的版本來建立有趣的案例。許多應用程式都是用這種方式寫成的，關注這些應用程式會被如何遷移是非常有趣的事情。這些框架的新版本都有對 Java 9 提供更好的支援，採用那些版本來遷移比較簡單。如果你不熟悉這些框架，不用擔心，你不需要瞭解所有的程式與配置，就能學習遷移至模組時常見的問題。

如果你可以在閱讀這一章的同時查看程式碼存放區，並試著遷移程式，將會有更多收獲。在程式存放區中，我們提供三個版本：

chapter9/spring-hibernate-starter

遷移之前的應用程式類別路徑版本。

chapter9/spring-hibernate

已遷移的應用程式。

chapter9/spring-hibernate-refactored

為已遷移的應用程式做額外的模組化之後的版本。

我們建議你在編譯器中打開 *spring-hibernate-starter* 專案，並將本章談到每一個步驟應用在程式上。你最後的結果應該會與完成後的 *spring-hibernate* 範例很像。

熟悉應用程式

這個應用程式代表一間書店。書籍是用 Hibernate 來儲存在資料庫的。它使用 Spring 來啟動 Hibernate，包括交易管理與依賴注入。Spring 的配置混合使用 XML 與註釋式配置。

在遷移前，應用程式碼、直接依賴項目，與傳遞性依賴項目都在類別路徑上，見圖 9-1。

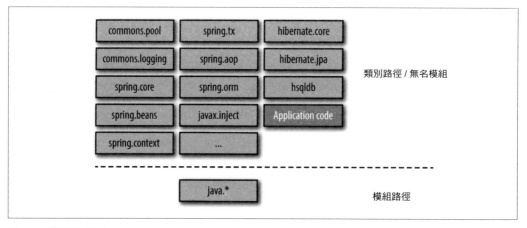

圖 9-1　遷移起點（➡ chapter9/spring-hibernate-starter）

遷移後會產生在一個模組內的基礎程式，它會在必要的時候使用自動模組來處理依賴關係。圖 9-2 是最終的結果。

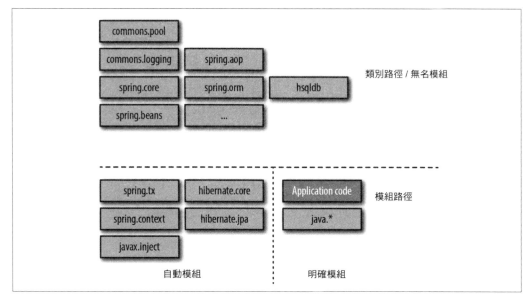

圖 9-2　已遷移的應用程式（➡ chapter9/spring-hibernate）

在本章的結尾，我們也會重構應用程式碼本身，來進一步模組化。

在我們將程式碼分成模組之前，應該先克服一些與依賴關係有關的技術問題。請記得，我們處理的是 Java 9 之前的程式庫，它們並不是為了與 Java 模組系統合作而設計的。具體來說，我們要使用以下的框架版本：

- Spring 4.3.2

- Hibernate 5.0.1

也請注意，這些框架在支援模組的部分已經有很大的進展。在寫這本書時，Spring 5 的第一版 Release Candidate 已被釋出了，它明確地支援自動模組的使用。我們並未使用這些已更新的模組，因為這不能當成實際的遷移範例。就算沒有來自框架與程式庫的特殊支援，你也可以遷移到模組。

這一節的重點是為我們的程式建立一個模組。這代表我們要定義依賴關係的 requires，並將程式庫移往自動模組。我們也必須處理 exports 與 opens，來讓我們的程式碼可被框架操作。遷移完成時，我們可以好好看一下程式的設計，或許可將程式拆成較小的模組。屆時，因為我們已經解決所有技術問題了，所以這個工作會變成一種設計練習。

我們先來看程式最重要的部分，來瞭解應用程式。為了讓程式容易閱讀，強烈建議你在你最喜歡的編輯器中打開程式。

Book 類別（見範例 9-1）是個 JPA 實體，可用 Hibernate（或其他的 JPA 實作）來儲存在資料庫中。它有 @Entity 與 @Id 之類的註釋可設置資料庫的對應。

範例 9-1　*Book.java*（➥ *chapter9/spring-hibernate*）

```java
package books.impl.entities;

import books.api.entities.Book;
import javax.persistence.*;

@Entity
public class BookEntity implements Book {
  @Id @GeneratedValue
  private int id;
  private String title;
  private double price;
  // 為了簡化，省略 getters 與 setters

}
```

HibernateBooksService 是個 Spring Repository，它是一種服務，可自動管理交易，當你要將某些東西存入資料庫時，就會用到它。它實作了我們的服務介面 BooksService，並使用 Hibernate API（例如 SessionFactory）來將書存入資料庫，與取回書籍。

BookstoreService 是個簡單的介面，範例 9-2 是它在 BookStoreServiceImpl 內的實作，可以計算收到的書本清單的總價格。它被加上 Spring 的 @Component 註釋，讓它可被依賴注入。

範例 9-2　*BookstoreServiceImpl.java*（➥ *chapter9/spring-hibernate*）

```java
package bookstore.impl.service;

import java.util.Arrays;
import books.api.entities.Book;
import books.api.service.BooksService;
import bookstore.api.service.BookstoreService;
import org.springframework.stereotype.Component;

@Component
public class BookstoreServiceImpl implements BookstoreService {
```

```
    private static double TAX = 1.21d;

    private BooksService booksService;

    public BookstoreServiceImpl(BooksService booksService) {
      this.booksService = booksService;
    }

    public double calculatePrice(int... bookIds) {
      double total = Arrays
        .stream(bookIds)
        .mapToDouble(id -> booksService.getBook(id).getPrice())
        .sum();

      return total * TAX;
    }

  }
```

最後，我們有個可啟動 Spring 以及儲存與取回一些書籍的主類別，見範例 9-3。

範例 9-3　*Main.java*（➥ *chapter9/spring-hibernate*）

```
package main;

import org.springframework.context.ApplicationContext;
import org.springframework.context.support.ClassPathXmlApplicationContext;
import books.api.service.BooksService;
import books.api.entities.Book;
import bookstore.api.service.BookstoreService;

public class Main {

  public void start() {
    System.out.println("Starting...");

    ApplicationContext context =
        new ClassPathXmlApplicationContext(new String[] {"classpath:/main.xml"});


    BooksService booksService = context.getBean(BooksService.class);
    BookstoreService store = context.getBean(BookstoreService.class);

      // 建立一些書籍
      int id1 = booksService.createBook("Java 9 Modularity", 45.0d);
      int id2 = booksService.createBook("Modular Cloud Apps with OSGi", 40.0d);
      printf("Created books with id [%d, %d]", id1, id2);
```

```java
    // 再次取回它們
    Book book1 = booksService.getBook(id1);
    Book book2 = booksService.getBook(id2);
    printf("Retrieved books:\n  %d: %s [%.2f]\n  %d: %s [%.2f]",
      id1, book1.getTitle(), book1.getPrice(),
      id2, book2.getTitle(), book2.getPrice());

    // 使用其他的服務來計算總價格
    double total = store.calculatePrice(id1, id2);
    printf("Total price (with tax): %.2f", total);

  }

  public static void main(String[] args) {
    new Main().start();
  }

  private void printf(String msg, Object... args) {
      System.out.println(String.format(msg + "\n", args));
    }
  }
```

Spring 是用 ClassPathXmlApplicationContext 來啟動的，它需要有個 XML 配置，見範例 9-4，我們在這個配置中設定組件掃描，自動將被 @Component 與 @Repository 註釋的類別 註冊為 Spring beans。我們也設定交易管理與 Hibernate。

範例 9-4　*main.xml*（➥ *chapter9/spring-hibernate*）

```xml
<context:component-scan base-package="books.impl.service"/>
<context:component-scan base-package="bookstore.impl.service"/>

<bean id="myDataSource"
class="org.apache.commons.dbcp.BasicDataSource" destroy-method="close">
    <property name="driverClassName" value="org.hsqldb.jdbcDriver"/>
    <property name="url" value="jdbc:hsqldb:mem:testdb"/>
    <property name="username" value="sa"/>
    <property name="password" value=""/>
</bean>

<bean id="mySessionFactory"
  class="org.springframework.orm.hibernate5.LocalSessionFactoryBean">
    <property name="dataSource" ref="myDataSource"/>
    <property name="annotatedClasses">
  <list>
    <value>books.impl.entities.BookEntity</value>
```

```
        </list>
      </property>

      <property name="hibernateProperties">
        <props>
          <prop key="hibernate.hbm2ddl.auto">create</prop>
        </props>
      </property>
    </bean>

    <bean id="transactionManager"
        class="org.springframework.orm.hibernate5.HibernateTransactionManager">
        <property name="sessionFactory" ref="mySessionFactory"/>
    </bean>

    <tx:annotation-driven/>
```

目前專案的目錄結構是：

```
├── lib
├── run.sh
└── src
    ├── books
    │   ├── api
    │   │   ├── entities
    │   │   │   └── Book.java
    │   │   └── service
    │   │       └── BooksService.java
    │   └── impl
    │       ├── entities
    │       │   └── BookEntity.java
    │       └── service
    │           └── HibernateBooksService.java
    ├── bookstore
    │   ├── api
    │   │   └── service
    │   │       └── BookstoreService.java
    │   └── impl
    │       └── service
    │           └── BookstoreServiceImpl.java
    ├── log4j2.xml
    ├── main
    │   └── Main.java
    └── main.xml
```

src 目錄含有配置檔與原始程式套件。*lib* 目錄含有 Spring、Hibernate 的 JAR 檔案，以及它們的傳遞性依賴項目，依賴項目很多，總共有 31 個 JAR 檔案。要組建與執行應用程式，我們可以使用以下的命令：

```
javac -cp [list of JARs in lib] -d out -sourcepath src $(find src -name '*.java')

cp $(find src -name '*.xml') out

java -cp [list of JARs in lib]:out main.Main
```

在 Java 9 的類別路徑上執行

遷移至模組時，我們依然應該先使用類別路徑，用 Java 9 來編譯與執行程式。編譯時，我們看到第一個需要解決的問題。Hibernate 依賴一些 JAXB 類別，在第 163 頁的 "使用 JAXB 與其他的 Java EE API" 中，你已經知道 JAXB 是 java.se.ee 子圖的一部分，但不屬於預設的 java.se 模組子圖。在沒有修改的情況下，執行 Main 會產生 java.lang. ClassNotFoundException: javax.xml.bind.JAXBException。我們必須使用 --add-modules 旗標來將 JAXB 加入應用程式：

```
java -cp [list of JARs in lib]:out --add-modules java.xml.bind main.Main
```

現在我們看到另一個更難理解的警告：

```
WARNING: An illegal reflective access operation has occurred
WARNING: Illegal reflective access by javassist.util.proxy.SecurityActions
(file:.../lib/javassist-3.20.0-GA.jar)
to method java.lang.ClassLoader.defineClass(...)
WARNING: Please consider reporting this to the maintainers
  of javassist.util.proxy.SecurityActions
WARNING: Use --illegal-access=warn to enable warnings of further illegal
  reflective access operations
WARNING: All illegal access operations will be denied in a future release
```

第 155 頁的 "程式庫、強力封裝與 JDK 9 類別路徑" 中，我們已經討論過這個問題了。在此，javassist 程式庫試著對 JDK 型態進行深層反射，預設情況下，這是被允許的，但是會出現警告，如果我們用 --illegal-access=deny 來執行應用程式，這甚至會變成一種錯誤，請記得，在未來的 Java 版本中，這個選項將會是預設值。我們現在還無法使用之後可能會被修正的 javassist 更新版本來修復這個問題，不過，我們可以使用 --add-opens 來移除警告：

```
java -cp [list of JARs in lib]:out \
--add-modules java.xml.bind \
--add-opens java.base/java.lang=ALL-UNNAMED main.Main
```

是否加入 --add-opens 來關閉所有的警告是由你決定的。這種做法讓你為下一個 Java 版本預做準備，屆時從類別路徑做非法的操作將不會被視為友善的行為，與 Java 9 一樣。javassist 仍然有問題，正確的動作是將這種問題回報給程式庫維護者。

設定模組

解決這些問題之後，我們可以開始遷移到模組了。首先，我們要將程式遷移到一個模組。當你遷移到模組時，先保持程式的內部結構不變是很好的策略。雖然這個結構或許不是你最終想要的結構，但先將焦點放在技術問題比較輕鬆。

第一步是將 -sourcepath 改為 --module-source-path。為了做這件事，我們必須稍微改變專案的結構。*src* 目錄不應該直接儲存套件，而是要先有一個模組目錄，模組目錄也應該含有 *module-info.java*：

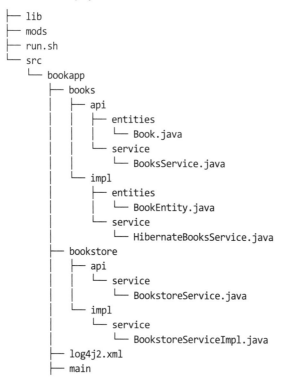

```
├── lib
├── mods
├── run.sh
└── src
    └── bookapp
        ├── books
        │   ├── api
        │   │   ├── entities
        │   │   │   └── Book.java
        │   │   └── service
        │   │       └── BooksService.java
        │   └── impl
        │       ├── entities
        │       │   └── BookEntity.java
        │       └── service
        │           └── HibernateBooksService.java
        ├── bookstore
        │   ├── api
        │   │   └── service
        │   │       └── BookstoreService.java
        │   └── impl
        │       └── service
        │           └── BookstoreServiceImpl.java
        ├── log4j2.xml
        ├── main
```

```
|       └── Main.java
├── main.xml
└── module-info.java
```

我們修改編譯（執行）腳本來使用 `--module-source-path`，並從模組啟動主類別：

```
javac -cp [list of JARs in lib] \
  --module-path mods \
  -d out \
  --module-source-path src \
  -m bookapp

cp $(find src -name '*.xml') out/bookapp

java -cp out:[list of JARs in lib] \
  --module-path mods:out \
  --add-modules java.xml.bind \
  -m bookapp/main.Main
```

我們尚未將任何程式庫移往模組路徑，也尚未將任何東西放入 *module-info.java*，所以上述的命令當然會失敗。

使用自動模組

為了編譯模組，我們必須在 *module-info.java* 為所有編譯期依賴關係加上 `requires` 陳述式。這也意味著我們必須將一些 JAR 檔案從類別路徑移到模組路徑，來讓它們成為自動模組。要瞭解究竟有哪些編譯期依賴關係，我們可以查看程式中的 `import` 陳述式或使用 jdeps。就我們的範例程式而言，根據編譯期依賴關係，可得到以下的 `requires` 陳述式：

```
requires spring.context;
requires spring.tx;

requires javax.inject;

requires hibernate.core;
requires hibernate.jpa;
```

你應該從名稱就可以知道它們的用途了，範例程式會直接使用這些模組的套件。為了 require 這些程式庫，我們將它們的 JAR 檔案移到模組路徑，來讓它們成為自動模組。傳遞性依賴關係可留在類別路徑上，見圖 9-3。

還記得第 184 頁的 "使用 jdeps" 的內容嗎？當你在遷移時想要知道需要 require 哪些模組時，jdeps 相當實用。例如，我們可以對類別路徑版的應用程式執行以下的命令來找出 requires：

```
jdeps -summary -cp lib/*.jar out

out -> lib/hibernate-core-5.2.2.Final.jar
out -> lib/hibernate-jpa-2.1-api-1.0.0.Final.jar
out -> java.base
out -> lib/javax.inject-1.jar
out -> lib/spring-context-4.3.2.RELEASE.jar
out -> lib/spring-tx-4.3.2.RELEASE.jar
```

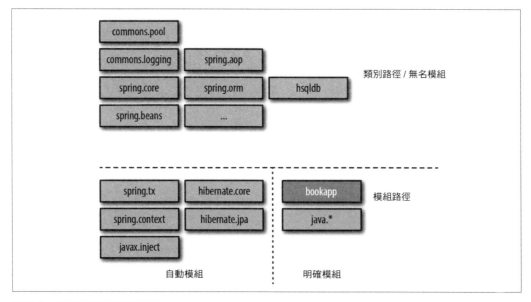

圖 9-3　使用自動模組來遷移

除了這些編譯期依賴關係之外，我們可用 --add-modules 來加入額外的編譯期與執行期需求。Hibernate API 會使用 java.naming 平台模組的型態，讓它在編譯期必須可供使用，即使我們並未在程式中明確地使用這種型態。如果沒有明確地加入這個模組，我們會看到這個錯誤：

```
src/bookapp/books/impl/service/HibernateBooksService.java:19:
    error: cannot access Referenceable
    return sessionFactory.getCurrentSession().get(BookEntity.class, id);
                         ^
  class file for javax.naming.Referenceable not found
1 error
```

因為 Hibernate 被當成自動模組來使用，所以不會讓我們解析額外的平台模組。但是，我們的程式與它有間接的編譯期依賴關係，因為 Hibernate 在它的 API 中使用一種來自 java.naming 的型態（SessionFactory 介面 extends Referenceable）。這代表我們有個編譯期依賴關係，如果沒有 requires，它就無法工作。如果 Hibernate 是個明確模組，它在 *module-info.java* 裡面應該要用 requires transitive java.naming 來設定默認可讀性以避免這個問題。

在那之前，我們可以對 javac 加入 --add-modules java.naming 來處理這個問題。或者，我們可以在模組描述項中為 java.naming 添加另一個 requires。如前所述，我們傾向避免間接依賴關係的 requires 陳述式，因此選擇使用 --add-modules。

現在應用程式可以成功編譯了，但執行它仍然會產生一些錯誤。

Java 平台依賴關係與自動模組

java.lang.NoClassDefFoundError 告訴我們，我們需要在 java 命令的 --add-modules 加入 java.sql。為什麼沒有我們人工干預，java.sql 就不會被解析？Hibernate 在內部依賴 java.sql。因為我們以自動模組來使用 Hibernate，它沒有模組描述項可 require 其他的（平台）模組。這個問題類似之前的 java.naming 產生的問題，只是以不同的方式來呈現。java.naming 範例是個編譯期錯誤，因為我們的程式使用的 Hibernate API 會參考一種來自 java.naming 的型態。在這個案例中，Hibernate 本身會在內部使用 java.sql，但它的型態不屬於我們用來編譯的 Hibernate API。因此，這個錯誤只會在執行期顯示。

使用額外的 --add-modules java.sql 之後，我們就可以繼續下一步了。

開放套件以供反射

我們已經快要成功執行應用程式了，但是重新執行應用程式仍然會產生錯誤。這一次，錯誤很容易理解：

```
Caused by: java.lang.IllegalAccessException:
class org.springframework.beans.BeanUtils cannot access class
  books.impl.service.HibernateBooksService (in module bookapp) because module
  bookapp does not export books.impl.service to unnamed module @5c45d770
```

Spring 需要使用反射來實例化類別，為此，我們必須將 Spring 想要實例化的類別所屬的套件開放。Hibernate 也會使用反射來操作**實體類別**（*entity classes*），Hibernate 需要操作 Book 介面以及 BookEntity 實作類別。

對於應用程式中的 API，比較合理的做法是匯出它們，之後我們將應用程式拆成更多模組時，這些套件也是最有可能被其他模組使用的。對於實作套件，我們改用 opens。透過這種方式，框架就可以施展它們的反射魔法，而我們仍然可以確保組建期的封裝：

```
exports books.api.service;
exports books.api.entities;

opens books.impl.entities;
opens books.impl.service;
opens bookstore.impl.service;
```

在較大型的應用程式中，在一開始較好的選擇是使用開放模組，而非指定想要開放的個別套件。設定套件的 opens/exports 之後，我們看到另一個熟悉的錯誤。

```
java.lang.NoClassDefFoundError: javax/xml/bind/JAXBException
```

我們有一個程式庫會使用 JAXB（而非我們的程式），而且在第 163 頁的 "使用 JAXB 與其他的 Java EE API" 中，你已經知道，在預設情況下，java.xml.bind 不會被解析。如同之前在類別路徑上執行這個應用程式時的做法，你只要將模組加到 --add-modules 就可以擺脫這種情況。

快完成了！

不幸的是，當我們試著執行應用程式時，javassist 程式庫會出現最後一個難解的錯誤：

```
Caused by: java.lang.IllegalAccessError: superinterface check failed:
  class books.impl.entities.BookEntity_$$_jvstced_0 (in module bookapp)
  cannot access class javassist.util.proxy.ProxyObject
  (in unnamed module @0x546621c4) because module bookapp
  does not read unnamed module @0x546621c4
```

修正非法操作

Hibernate 使用 javassist 程式庫來動態建立實體類別的子類別。在執行期，我們的應用程式碼會使用這些子類別，而非原始的類別。因為我們的程式是從模組執行的，生成的類別最後同樣也會成為 bookapp 模組的一部分。生成的類別會實作 javassist 的一個介面（ProxyObject）。但是，javassist 仍在類別路徑上，明確模組無法接觸它們。因此，它們在執行期無法操作實作介面的生成類別。雖然這是一種難以發現與理解的錯誤，但是修正它很容易：將 javassist 從類別路徑移往模組路徑，讓它變成自動模組，並且讓其他的模組可以操作它。

但是，將 javassist 轉換成自動模組會產生新的問題。稍早你已經看過，javassist 對 JDK 型態使用非法深層反射。在類別路徑上使用寬大的 --illegal-access=permit 預設值，只會給我們警告訊息。因為現在 javassist 已經是個自動模組了，--illegal-access 機制再也不起作用了，它只會影響在類別路徑上的程式。這代表我們現在會得到錯誤，它實質上是與使用 --illegal-access=deny 來執行類別路徑範例時一樣的錯誤：

```
Caused by: java.lang.reflect.InaccessibleObjectException:
  Unable to make protected final java.lang.Class
  java.lang.ClassLoader.defineClass(...)
  throws java.lang.ClassFormatError accessible:
  module java.base does not "opens java.lang" to module javassist
```

之前提過，我們可以在 java 命令中加入 --add-opens java.base/java.lang=javassist 來解決這個問題。範例 9-5 是最後一個要編譯以執行應用程式的腳本。

範例 9-5　run.sh（➡ chapter9/spring-hibernate）

```
CP=[list of JARs in lib]

javac -cp $CP \
    --module-path mods \
    --add-modules java.naming \
    -d out          \
    --module-source-path src \
    -m bookapp

cp $(find src -name '*.xml') out/bookapp

java -cp $CP \
    --module-path mods:out      \
    --add-modules java.xml.bind,java.sql \
    --add-opens java.base/java.lang=javassist \
    -m bookapp/main.Main
```

我們只將真正需要的程式庫移往自動模組來完成應用程式的遷移。或者，你可以將所有的 JAR 檔案複製到模組路徑來遷移。雖然這種做法通常比較容易快速地讓應用程式開始執行，但你將會很難為應用程式模組編寫合理的模組描述項。因為自動模組的設定隱含對於所有其他模組的可讀性，它會讓你看不見自己的模組中遺漏的 requires，當你將自動模組升級為明確模組時，程式就會損壞。盡可能地讓你的模組依賴關係有良好定義很重要，所以你應該花時間來研究它。

重構為多模組

現在我們有一個可以動作的應用程式了，但如果可以將基礎程式進一步拆成較小的模組，來讓應用程式擁有模組化的設計就更好了。它們已經超出本章的範圍了，但 GitHub 存放區有個採用多模組的實作（➡ *chapter9/spring-hibernate-refactored*）。圖 9-4 是合理的改善架構。

你應該可以知道，這個設計有一些取捨。例如，你必須選擇究竟要建立單獨的 API 模組，還是從一個也含有實作的模組匯出 API。我們已經在第 5 章討論過許多這類的選擇了。

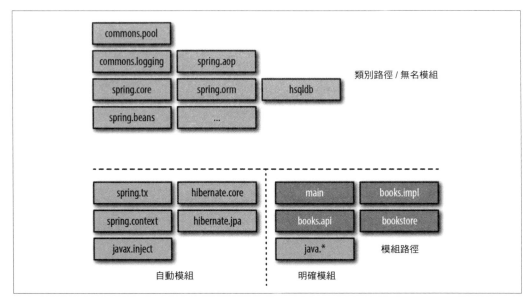

圖 9-4　重構的應用程式

透過這個案例研究，你已經知道將既有的類別路徑應用程式遷移到模組的所有工具與流程了。你可以使用 jdeps 來分析既有的程式與依賴關係。將程式庫移往模組路徑，來將它們轉換成自動模組，可讓你為應用程式建立一個模組描述項。當你的應用程式使用涉及反射的程式庫，例如依賴注入、物件關係對應，或序列化程式庫時，開放套件與模組是可行的方法。

將應用程式遷移至模組可能會暴露違反強力封裝的行為，或許在應用程式中，或許在它的程式庫中。正如我們看過的，這可能會造成奇怪的錯誤，不過當你具備足夠的模組系統知識時，就可以理解它們。在這一章，你已經知道如何緩解這些問題了。不過，如果程式庫已經是正確的 Java 9 模組，並且具有明確的模組描述項，你會過得更輕鬆。下一章會展示程式庫維護者如何支援 Java 9。

第十章

程式庫遷移

上一章的重點是將應用程式遷移到模組系統，裡面的許多內容也適用於遷移既有的程式庫。但是，有些問題對程式庫遷移造成的影響比應用程式遷移還要大。在這一章，我們要來瞭解這些問題，與它們的解決方案。

遷移程式庫與遷移應用程式的最大差異在於，程式庫會被許多應用程式使用，那些應用程式可能是在不同版本的 Java 上執行的，所以程式庫通常必須可在一系列的 Java 版本上運作。期望使用者在你的程式庫改版時換成 Java 9 是不切實際的想法。幸運的是，Java 9 有一組新功能可讓程式庫維護者與使用者之間擁有無縫的體驗。

新功能的目標是以漸進的步驟來將既有的程式庫遷移至模組化程式庫。你不一定要是位熱門的開放原始碼專案作者才需要瞭解這個功能，如果你要寫程式讓公司的其他團隊使用，就會處於相同的情況。

程式庫的遷移程序是由以下的步驟構成的：

1. 確保程式庫可以像 Java 9 的自動模組一樣執行。

2. 使用 Java 9 編譯器（針對你需要的最小 Java 版本）來編譯程式庫，且不使用 Java 9 的新功能。

3. 添加模組描述項，並將程式庫轉換成明確模組。

4. 選擇性地重構程式庫的架構，來增加封裝性、可識別的 API，或許也可進一步拆成多個模組。

5. 開始使用程式庫內的 Java 9 功能，同時保持與 Java 9 之前的版本的回溯相容性。

第二個步驟是選擇性的，但建議你執行它。使用新加入的 --release 旗標，Java 9 編譯器就可以可靠地指定之前的 Java 版本。在第 215 頁的 "支援較早的 Java 版本" 中，你會看到這個選項的用法。所有的步驟都可以維持與較早期的 Java 版本的回溯相容性。最後一個步驟可能特別令人意外，它是藉由一種新功能來實現的，也就是多版本 JAR，我們會在本章結尾討論它。

在模組化之前

在第一步，你必須確保程式庫可以在 Java 9 正常使用。許多應用程式都會在類別路徑上使用你的程式庫，就算在 Java 9 也一樣。此外，程式庫維護者必須讓它們的程式庫可被當成應用程式中的自動模組來使用。我們通常不需要更改程式，在這個階段，改變的唯一原因是為了防止製造麻煩的舉動，例如使用 JDK 裡面被封裝的，或被移除的型態。

在將程式庫變成模組之前（或模組的集合），你應該採取與遷移應用程式一樣的初始步驟，如第 7 章所述。確保程式庫可在 Java 9 執行，也代表它不應該使用 JDK 內的封裝型態。如果它使用這種型態，程式庫的使用者可能會面臨警告，或例外（如果他們用建議的 --illegal-access=deny 設定的話），這會迫使他們使用 --add-opens 或 --add-exports 旗標。即使你已經告知使用者，但這仍然不是很好的使用者體驗。通常它只是應用程式中許多程式庫的一個，確保使用所有正確的命令列旗標對使用者來說是很痛苦的事情。較好的做法是使用 jdeps 來找出有哪些被封裝的程式庫 API 被使用，並將它們改為建議的替代方案。使用第 162 頁的 "使用 jdeps 來尋找被移除或被封裝的型態，以及它們的替代物" 中談到的 jdeps -jdkinternals 來快速找出這個領域的問題。當這些替代 API 只能在 Java 9 之後使用時，你就無法在支援較舊的 Java 版本時直接使用它們。在第 221 頁的 "多版本 JAR" 中，你會看到如何用多版本 JAR 來解決這個問題。

在這個階段，你還沒有為程式庫建立模組描述項。我們可以以後再思考究竟是否要將某些套件匯出。此外，程式庫與其他程式庫的任何依賴關係都可以維持默認。無論你將程式庫放在類別路徑，或是作為自動模組放在模組路徑，程式庫都仍然可以操作任何它要的東西，而不需要明確的依賴關係。

經過這個步驟之後，程式庫就可以在 Java 9 使用了。我們還沒有在程式庫實作中使用任何 Java 9 的新功能。事實上，如果你沒有使用被封裝的，或被移除的 API，甚至不需要重新編譯程式庫。

選擇程式庫模組名稱

> 在電腦科學領域中，只有兩件困難的事情：快取無效（cache invalidation）
> 與命名。
>
> —Phil Karlton

此時，最重要的事情是設想當你的模組變成真正的模組時的**名稱**。程式庫模組的好名字是什麼？一方面，你希望名稱是簡單且容易記憶的，另一方面，我們談的是可被廣泛地重複使用的程式庫，所以名稱必須是唯一的。在模組路徑上，只能有一個模組使用任何一種名稱。

在 Java 世界中，要取一個世界獨有的名稱，有一個由來已久的傳統就是使用**反向** *NDS* 標記法。當你有一個稱為 mylibrary 的程式庫時，它的模組名稱可取為 com.mydomain. mylibrary。你不需要使用這種方式來為不準備讓人重複使用的模組命名，但是對程式庫來說，這種額外的視覺雜訊是必要的。例如，有一些開放原始碼的 Java 程式庫都被命名為 spark，如果這些程式庫的維護者沒有採取任何預防措施，它們最後都會有相同的模組名稱，代表應用程式再也不能同時使用這些程式庫。以反向 DNS 來命名模組名稱是避免衝突的最佳方式。

最佳的模組名稱候選者是在模組的所有套件中，最長的共同前置詞。假設我們使用反向 DNS 套件名稱，頂層的套件名稱當然就是模組識別碼。在 Maven 術語中，這通常代表將群組 *ID* 與成品 *ID* 結合為模組名稱。

模組名稱可以使用數字。你可能想要在模組名稱中加入版本號碼（例如，com.mydomain. mylibrary2），請不要這麼做。版本號碼與識別程式庫是兩回事，版本可以在建立模組化 JAR 時設定（見第 106 頁的 "模組版本控制"），但不應該成為模組名稱的一部分。將程式庫升級為主要版本不代表你就應該改變程式庫的識別碼。有些熱門的程式庫在很久以前就讓自己陷入困境了，例如，Apache commons-lang 程式庫在從第 2 版移往第 3 版時，將名稱改為 commons-lang3。目前，版本屬於組建工具與成品存放區的領域，不是模組系統。程式庫版本的更新不應該造成模組描述項的改變。

你已經在第 8 章學過，自動模組會從 JAR 檔名衍生它們的名稱了。不幸的是，最終的檔名通常是由組建工具，或程式庫維護者無法掌握的其他程序主宰。將程式庫當成自動模組來使用的應用程式會透過它們的模組描述項內的衍生名稱來 require 你的程式庫。當你的程式庫切換成明確模組時，你就會為這個衍生名稱所苦。這是當衍生的檔名不完全正確，或不是唯一的標識時所產生的問題。更糟的情況是，不同的人在使用你的程式庫時會採用不同的名稱。你不應該不切實際地認為每一個使用程式庫的應用程式都會將它們的 requires 子句改為新的模組名稱。

這讓程式庫維護者陷入一個尷尬的境地。即使程式庫本身還不是模組，它也會因為自動模組功能，被當成模組來使用。而且當應用程式開始做這件事時，你會被一個可能是你想要的，也可能不是你想要的自動衍生模組名稱侷限。為了解決這個難題，你可以採取另一種方法來保留模組名稱。

你可以先在非模組化 JAR 的 *META-INF/MANIFEST.MF* 內添加一個 Automatic-Module-Name: <module_name> 項目。當這個 JAR 被當成自動模組來使用時，它的名稱會使用資訊清單中的名稱，而不是從 JAR 檔名衍生它。現在程式庫維護者可以在還沒有建立模組描述項的情況下，定義程式庫模組應該擁有的名稱了。你只要在 *MANIFEST.MF* 裡面加入一個正確的模組名稱，並重新包裝程式庫就可以了。jar 命令有個 -m <manifest_file> 選項可要求它將指定的檔案內的項目加到 JAR 內的 *MANIFEST.MF*（➡ *chapter10/modulename*）：

```
jar -cfm mylibrary.jar src/META-INF/MANIFEST.MF -C out/ .
```

使用這個命令後，*src/META-INF/MANIFEST.MF* 裡面的項目會被加入輸出的 JAR 裡面的資訊清單中。

你可以使用 Maven 設置 JAR 外掛來加入資訊清單項目：

```
<plugin>
  <groupId>org.apache.maven.plugins</groupId>
  <artifactId>maven-jar-plugin</artifactId>
  <configuration>
    <archive>
      <manifestEntries>
        <Automatic-Module-Name>
          com.mydomain.mylibrary
        </Automatic-Module-Name>
      </manifestEntries>
    </archive>
  </configuration>
</plugin>
```

你會在第 11 章學到更多關於 Maven 提供的模組系統支援。

你應該儘快使用 Automatic-Module-Name 在資訊清單中保留模組名稱。取名稱很難，所以你應該費心地挑選名稱。但是，在取好模組名稱後，用 Automatic-Module-Name 來保留它很簡單。它是低勞力、高影響力的工作，且你不需要改變程式或重新編譯。

 當你確認程式庫在 JDK 9 中可作為自動模組來使用時，才可以在程式庫資訊清單中加入 Automatic-Module-Name。存在這個項目才代表與 Java 9 相容。你必須先解決之前討論過的問題，才可以將程式庫提升為模組。

為什麼不建立模組描述項就好？有幾個原因。

首先，它會讓你必須考慮哪些套件應匯出或不匯出。你可以明確地匯出所有東西，就像程式庫被當成自動模組來使用時，會暗中發生的事情。但是，當你在模組描述項中明確地認可這個行為之後，以後將無法輕易地收回這個決定。但以自動模組來使用你的程式庫的人都知道，可操作所有的套件是將它當成自動模組的副作用，以後必須更改。

其次，且更重要的是，你的程式庫本身可能有外部依賴關係。使用模組描述項後，你的程式庫就再也不是模組路徑上的自動模組了。這代表它再也不會與類別路徑（無名模組）上的所有其他模組有 requires 關係。所有的依賴關係都必須在模組描述項中明確提供。這些外部的依賴項目本身可能還沒有被模組化，導致你的程式庫沒有正確的模組描述項。如果你的程式庫依賴一個自動模組，而且那個依賴項目甚至還沒有 Automatic-Module-Name 資訊清單項目的話，就不要發布你的程式庫。這種依賴項目名稱是不穩定的，會讓你的模組描述項在依賴項目的（衍生的）模組名稱改變時失效。

最後，模組描述項必須用 Java 9 編譯器來編譯。這些都是重要的步驟，需要花時間才能得到正確的結果。在採取這些步驟前，先在資訊清單中使用簡單 Automatic-Module-Name 項目來保留模組名稱是聰明的做法。

建立模組描述項

現在程式庫已經適當地命名，並且可以與 Java 9 一起使用了，接下來要來考慮如何將它轉換成明確模組。現在，我們假設程式庫是一個將要被轉換成單一模組的 JAR（*mylibrary.jar*）。稍後，你可能會想要回來處理程式庫的包裝，並進一步拆開它。

在第216頁的"程式庫模組依賴關係"中,我們會看到一些較複雜的情況,它們的程式庫都包含多個模組,並且有外部的依賴關係。

當你建立模組描述項時,有兩個選擇:重新建立一個,或使用 jdeps 來根據目前的 JAR 產生一個。無論哪一種情況,重點是要讓模組描述項的模組名稱與你在資訊清單的 **Automatic-Module-Name** 項目中選擇的模組名稱相同。這可以讓新的模組直接取代被當成自動模組來使用的舊版程式庫。寫好模組描述項之後,你就可以移除資訊清單項目了。

我們的範例 mylibrary(➥ *chapter10/generate_module_descriptor*)相當簡單,是由兩個套件內的兩個類別組成的。**MyLibrary** 類別裡面的程式碼如下:

```
package com.javamodularity.mylibrary;

import com.javamodularity.mylibrary.internal.Util;

import java.sql.SQLException;
import java.sql.Driver;
import java.util.logging.Logger;

public class MyLibrary {

    private Util util = new Util();
    private Driver driver;

    public MyLibrary(Driver driver) throws SQLException {
        Logger logger = driver.getParentLogger();
        logger.info("Started MyLibrary");
    }

}
```

你不用在乎這段程式做了些什麼,重點是匯入的部分。當我們建立模組描述項時,必須建立我們需要的其他模組。透過目視檢查可以發現,**MyLibrary** 類別使用 JDK 的 **java.sql** 與 **java.logging** 的型態。**...internal.Util** 類別來自同樣的 *mylibrary.jar* 內的不同套件。我們可以使用 jdeps 來列出依賴關係,而不用自行寫出正確的 **requires** 子句。除了列出依賴關係之外,jdeps 甚至可以生成初始的模組描述項:

```
jdeps --generate-module-info ./out mylibrary.jar
```

這會在 *out/mylibrary/module-info.java* 產生模組描述項：

```
module mylibrary {
    requires java.logging;
    requires transitive java.sql;
    exports com.javamodularity.mylibrary;
    exports com.javamodularity.mylibrary.internal;
}
```

jdeps 可分析 JAR 檔案，並回報與 java.logging 和 java.sql 的依賴關係。有趣的是，前者會得到 requires 子句，而後者得到 requires transitive 子句。這是因為 MyLibrary 使用的 java.sql 型態屬於公用的、被匯出的 API，它會將 java.sql.Driver 型態當成 MyLibrary 的公用建構式的引數來使用。另一方面，java.logging 的型態只會被 MyLibrary 的實作使用，而且沒有被匯出給程式庫使用者。預設情況下，在 jdeps 生成的模組描述項內的所有的套件都會被匯出。

 當程式庫含有不屬於任何套件的類別時（在無名套件中，俗稱為預設套件），jdeps 會產生錯誤。模組內的所有類別都必須屬於有名稱的套件。就算在模組化之前，將類別放在無名套件中也被視為不良的做法，特別是對可重複使用的程式庫而言。

你可能會認為這個模組描述項提供的行為與將 mylibrary 當成自動模組來使用時相同，在很大的程度上是如此。但是自動模組也是開放模組。生成的模組描述項沒有定義開放模組，它也沒有開放任何套件。只有當程式庫的使用者對 mylibrary 的型態做深層反射時，才會發現這件事。當你認為程式庫的使用者會做這件事時，可以改為生成一個開放模組描述項：

```
jdeps --generate-open-module ./out mylibrary.jar
```

這會產生以下的模組描述項：

```
open module mylibrary {
    requires java.logging;
    requires transitive java.sql;
}
```

因為生成一個開放模組，所有的套件都會被開放。這個選項不會生成任何 exports 陳述式。如果你在這個開放模組中為所有套件加上 exports，它的行為會很接近使用原始的 JAR 來作為自動模組。

最好的做法是建立非開放模組，只匯出必要的最少數套件。將程式庫轉換成模組的主要原因之一，就是想要取得強力封裝，這是開放模組無法提供的事項之一。

 你應該都要在一開始先查看生成的模組描述項。

匯出所有的套件幾乎都不是正確的做法。對 mylibrary 範例而言，移除 exports com. javamodularity.mylibrary.internal 是合理的做法。mylibrary 的使用者不需要依賴內部的實作細節。

此外，如果你的程式庫使用反射，jdeps 就無法找到這些依賴關係。你必須為你自己反射載入的模組加上正確的 requires 子句。如果依賴關係是選擇性的，它們可能會是 requires static，如第 100 頁的 "編譯期依賴關係" 所述。如果你的程式庫會使用服務，你也必須手動加入這些 uses 子句。你提供的任何服務（透過 *META-INF/services* 內的檔案）都會被 jdeps 自動取得，並轉換為 provides .. with 子句。

最後，jdeps 會根據檔名來建議一個模組名稱，與自動模組一樣。在第 209 頁的 "選擇程式庫模組名稱" 談到的警告仍然適用。對於程式庫，你最好使用反向 DNS 標記法來建立完整的名稱。在這個範例中，com.javamodularity.mylibrary 是首選的模組名稱。當你用來生成模組描述項的 JAR 已經含有 Automatic-Module-Name 資訊清單項目時，建議改用這個名稱。

使用模組描述項來更新模組

建立或生成模組描述項之後，我們還有 *module-info.java* 需要編譯。只有 Java 9 能夠編譯 *module-info.java*，但這不代表你必須改成將整個專案編譯為 Java 9。事實上，你可以只使用編譯好的模組描述項來更新既有的 JAR（使用較舊的 Java 版本）。我們來看一下它在 *mylibrary.jar* 如何工作，我們在生成的 *module-info.java* 中加入它；

```
mkdir mylibrary
cd mylibrary
jar -xf ../mylibrary.jar ❶
cd ..
javac -d mylibrary out/mylibrary/module-info.java ❷
jar -uf mylibrary.jar -C mylibrary module-info.class ❸
```

❶ 將類別檔案擷取到 *./mylibrary*。

❷ 使用 Java 9 編譯器，只將 module-info.java 編譯到與擷取的類別相同的目錄中。

❸ 使用編譯過的 module-info.class 類別來更新既有的 JAR 檔案。

藉由這些步驟，你就可以用 Java 9 之前的 JAR 來建立模組化 JAR 了。模組描述項會被編譯並放入與被擷取的類別相同的目錄。透過這種方式，javac 就可以看到模組描述項中提到的所有既有類別與套件，所以不會產生錯誤。你在做這件事時，不需要操作程式庫的來源，你不需要重新編譯既有的程式—當然，除非你需要改變程式，例如，為了避免使用被封裝的 JDK API。

在這些步驟後，你就可以用各種設定來使用產生的 JAR 檔案了：

- 在 Java 9 之前的版本的類別路徑上
- 在 Java 9 與之後的模組路徑上
- 在 Java 9 的類別路徑上

當你將 JAR 放在舊版 Java 的類別路徑上之後，編譯過的模組描述項會被忽略。唯有在 Java 9 或之後的模組路徑上使用 JAR 時，模組描述項才派得上用場。

支援較早的 Java 版本

如果你需要同時編譯程式庫來源以及模組描述項時，該怎麼做？通常你會希望支援 Java 9 之前版本的程式庫使用者。你可以藉由幾種方式來達成。第一種是使用兩個 JDK 來分別編譯原始程式，以及模組描述項。

假設我們希望 mylibrary 可在 Java 7 之後的版本中使用。在實務上，這代表程式庫原始碼不能使用在 Java 7 之後的版本加入的任何語言功能，也不能使用在 Java 7 之後加入的任何 API。藉由使用兩個 JDK，我們可以確保程式庫的原始碼不會依賴 Java 7 以上的功能，同時仍然可以編譯模組描述項：

```
jdk7/bin/javac -d mylibrary <all sources except module-info>
jdk9/bin/javac -d mylibrary src/module-info.java
```

同樣的，讓這兩個編譯命令指向相同的輸出目錄非常重要。接著你可以像之前的範例一樣，將產生的類別包裝成模組化 JAR。管理多個 JDK 可能有點麻煩。JDK 9 加入一種新功能，可讓舊的版本使用最新的 JDK。

你可以用 JDK 9 以及新旗標 --release 來編譯 mylibrary 範例：

```
jdk9/bin/javac --release 7 -d mylibrary <all sources except module-info>
jdk9/bin/javac --release 9 -d mylibrary src/module-info.java
```

這個新旗標保證目前的 JDK 至少支援三個主要的舊版本。就 JDK 9 的例子而言，這代表你可以對 JDK 6、7 與 8 進行編譯。額外的好處是，你可以獲得 JDK 9 編譯器的 bug 修正以及最佳化，即使你的程式庫本身是要讓舊的版本使用的。如果你需要支援更舊的版本，也可以隨時回來使用多個 JDK。

---

release 旗標

--release 旗標是以 JEP 247 加入的（*http://openjdk.java.net/jeps/247*）。在這之前，你可以使用 -source 與 -target 選項。它們可以確保你不會在錯誤的層級上（-source）使用語言功能，且生成的 bytecode 可符合正確的 Java 版本（-target）。但是，這些旗標不會強制對目標 JDK 使用正確的 API。當你用 JDK 8 來編譯時，可以指定 -source 1.7 -target 1.7，並且仍然在程式中使用 Java 8 API（雖然仍然無法使用像 lambdas 這種語言功能）。當然，產生的 bytecode 不能在 JDK 7 上執行，因為它沒有新的 Java 8 API。你必須使用 *Animal Sniffer*（*http://www.mojohaus.org/animal-sniffer/*）這類的外部工具來驗證 API 的回溯相容性。使用 --release 時，Java 編譯器也會強制使用正確的程式庫層級，這樣你就不需要安裝與管理多個 JDK 了。

程式庫模組依賴關係

到目前為止，我們假設想要遷移的程式庫只與 JDK 內的模組有依賴關係，但是在實務上並非總是如此。程式庫有依賴關係的主因有兩個：

1. 程式庫是以多個彼此相關的 JARs 組成的。

2. 程式庫會使用外部程式庫。

就第一種情況而言，程式庫內的 JARs 之間有依賴關係。在第二種情況下，程式庫需要其他的外部 JARs。我們來討論這兩種情況。

內部依賴關係

我們用第 8 章看過的程式庫 Jackson 來討論第一種情況。Jackson 是以多個 JAR 組成的。這個範例是以 Jackson Databind 為基礎,它有兩個相關的 Jackson JAR,如圖 10-1 所示。

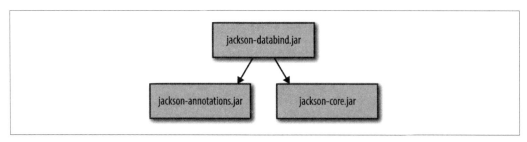

圖 10-1　三個相關的 Jackson JARs

顯然我們要將這些 JAR 轉換成模組,來保留現存的邊界。幸運的是,jdeps 也可以同時為相關的 JAR 檔案建立多個模組描述項(➥ *chapter10/generate_module_descriptor_jackson*):

```
jdeps --generate-module-info ./out *.jar
```

這會產生三個模組描述項:

```
module jackson.annotations {
    exports com.fasterxml.jackson.annotation;
}
module jackson.core {
    exports com.fasterxml.jackson.core;
    // 匯出所有其他的套件,為了簡化而省略
    provides com.fasterxml.jackson.core.JsonFactory with
        com.fasterxml.jackson.core.JsonFactory;
}
module jackson.databind {
    requires transitive jackson.annotations;
    requires transitive jackson.core;
    requires java.desktop;
    requires java.logging;
    requires transitive java.sql;
    requires transitive java.xml;
    exports com.fasterxml.jackson.databind;
    // 匯出所有其他的套件,為了簡化而省略
    provides com.fasterxml.jackson.core.ObjectCodec with
        com.fasterxml.jackson.databind.ObjectMapper;
}
```

我們可以在最後兩個模組描述項中看到，jdeps 也會考慮服務供應方。當 JAR 含有服務供應方檔案時（見第 65 頁的 "Java 9 之前的 ServiceLoader" 來進一步瞭解這個機制），它們會被轉換成 provides .. with 子句。

另一方面，jdeps 無法自動生成服務的 uses 子句。你必須根據 ServiceLoader 在程式庫中的使用來手動加入它們。

根據 jdeps 的分析，jacksons.databind 描述項 requires 正確的平台模組。此外，它也 requires 正確的其他的 Jackson library 模組，它們的描述項也在同一次的執行中生成。Jackson 的隱藏結構會在生成的模組描述項中自動變成明確的。當然，為模組劃分實際的 API 這項艱難的工作得留給 Jackson 的維護者來做。將所有的套件匯出絕對是不可取的做法。

Jackson 是一個結構已經模組化、由好幾個 JAR 組成的程式庫範例。其他的程式庫採取不同的選擇。例如，Google Guava 選擇將它的所有功能捆綁在單個 JAR 中。Guava 聚集許多獨立的實用組件，包括選擇性的集合實作與事件匯流排。但是，目前使用它是個全有或全無的選擇。據 Guava 的維護者所言，不將程式庫模組化的主要原因是為了回溯相容性（*https://github.com/google/guava/issues/605*），未來的版本都必須能夠依賴整個 Guava。

建立一個聚合模組來代表整個程式庫是使用模組系統來實現的其中一種方式。在第 90 頁的 "建立模組的門面" 中，我們已經抽象地討論過這種模式了。就 Guava 而言，它可能長得像：

```
module com.google.guava {
  requires transitive com.google.guava.collections;
  requires transitive com.google.guava.eventbus;
  requires transitive com.google.guava.io;
  // .. 等等
}
```

接著每一個個別的 Guava 模組會匯出與該功能相關的套件。現在 Guava 使用者可以像以前一樣，require com.google.guava，並傳遞性地取得所有 Guava 模組。默認可讀性可確保他們可以操作個別的、較小型的模組匯出的所有 Guava 型態。或者，他們也可以只 require 應用程式需要的個別模組。這是我們熟悉的權衡取捨，你究竟要在開發過程中容易使用，還是要解析一個小型的依賴關係圖，讓它在執行期佔用較小的空間。

命名 Guava 模組

在這個範例中，我們看到 com.google.guava 模組名稱。如果採用第 209 頁的
"選擇程式庫模組名稱"中的建議（使用最長的共用套件前置詞），我們要用
另一個模組名稱：com.google.common。這是 Google Guava 在寫這本書時已經決
定的名稱。使用這種名稱時，你可以從模組名稱知道它裡面的套件，但是這種
命名方式不太好。

讓一個沒有 include *Guava* 的 Guava 專案使用這個模組名稱是很奇怪的事情。
這再次說明，選擇好名稱很難。在命名過程中，人們難免必須討論許多關於承
諾與套件所有權的議題。

當你的程式庫是以一個大型的 JAR 組成的時候，在模組化時請考慮將它拆開。通常這樣
可以增加程式庫的可維護性，使用者也可以更具體知道他們需要依賴哪些 API。你可以
透過聚合模組，為想要一次依賴所有東西的人提供回溯相容性。

特別是當你的 API 的各個部分有不同的外部依賴關係時，將程式庫模組化可以協助使用
者。他們可以避免沒必要的依賴關係，只要 require 他們需要的 API 的各個部分即可。
因此，他們不會因為不使用某些部分的 API 而受依賴性的影響。

舉個具體的例子，回想一下 java.sql 模組以及它與 java.xml 的依賴關係（見第 23 頁的
"默認可讀性"）。這個依賴關係存在的唯一原因是 SQLXML 介面。有多少 java.sql 模組
的使用者會使用他們的資料庫的 XML 功能？或許沒那麼多。

儘管如此，現在所有的 java.sql 使用者都會在他們的已解析模組圖 "免費" 得到 java.
xml。如果將 java.sql 分成 java.sql 與 java.sql.xml，使用者就有選擇的機會了。後者將
會含有 SQLXML 介面，會 requires transitive java.xml（與 java.sql），如此一來，java.
sql 本身就不需要 require java.xml 了。對 XML 功能有興趣的使用者可以 require java.
sql.xml，其他人可以 require java.sql（而不會在模組路徑上有 java.xml）。

因為需要做大量的更改才能將 SQLXML 放入它自己的套件中（你不能讓一個套件劈腿多
個模組），JDK 不會採取這種選項。這個模式比較容易應用在許多已經在不同套件上的
API。如果你可以根據模組的外部依賴關係來聚合它們，就可以大大地利益你的程式庫
的使用者。

外部依賴關係

程式庫之間的內部依賴關係可以在模組描述項中處理,甚至可在生成初步的模組描述項時,交給 jdeps 負責。那麼外部程式庫的依賴關係呢?

 理想情況下,你的程式庫沒有外部依賴關係(框架是完全不同的故事)。
唉,但我們不是住在理想的世界。

如果這些外部程式庫是明確 Java 模組,答案很簡單:在程式庫的模組描述項使用一個 requires(transitive)子句就夠了。

如果這個依賴項目還沒有被模組化呢?人們很容易就認為沒有問題,因為任何 JAR 都可以當成自動模組來使用,雖然沒錯,但是這會產生一個與名稱有關的問題,我們已經在第 209 頁的 "選擇程式庫模組名稱" 中談過了。程式庫的模組描述項中的 requires 子句需要一個模組名稱,但是自動模組的名稱取決於 JAR 檔案名稱,它並不是完全在我們的控制之下。真正的模組名稱以後可能會改變,讓使用我們的程式庫的應用程式以及外部依賴項目(現在)的模組化版本產生模組解析問題。

這個問題沒有萬無一失的解決方案。唯有在你已經合理地確定模組名稱已經穩定的時候,才可以對一個外部的依賴關係加上 requires 子句。確定這一點的其中一種方式,就是要求外部依賴項目的維護者用資訊清單中的 Automatic-Module-Name 標頭來宣告一個模組名稱,你已經知道,這是比較小型且低風險的改變。接著,你可以安全地用這個穩定的名稱來參考自動模組。或者,你可以要求外部依賴項目的維護者將它完全模組化,這需要更多的工作,且比較難成功。任何其他的做法,都有可能會因為不穩定的模組名稱而以失敗告終。

 Maven Central 不鼓勵你發表參考還沒有穩定名稱的自動模組的模組。程式庫只應該 require 有 Automatic-Module-Name 資訊清單項目的自動模組。

另一個管理外部依賴關係的技巧是讓多個程式庫使用的:**依賴關係遮蔽**(*dependency shading*)。這種做法,是藉由將外部的程式碼嵌入程式庫來避免外部依賴關係。簡單來說,外部依賴關係的類別檔案會被複製到程式庫 JAR 裡面。為了避免原始的外部依賴關係也出現在類別路徑上時產生的名稱衝突,在嵌入的過程中,套件也會被改名。例如,來自 org.apache.commons.lang3 的類別會被遮蔽為 com.javamodularity.mylibrary.org.apache.commons.lang3。所有的程序都是在組建期藉由後期處理 bytecode 來自動發生的。這可避免超級長的套件名稱滲入實際的原始程式中。對模組而言，遮蔽也是可行的選項，但是，建議你只針對程式庫的內部依賴項目。不建議你匯出被遮蔽的套件，或是在被匯出的 API 中公開被遮蔽的型態。

執行些步驟後，我們已經可以控制程式庫的內部與外部依賴關係了。此時，我們的程式庫將會是一個模組或模組集合，可支援我們想要支援的最小 Java 版本。但是如果程式庫實作既可以使用新的 Java 功能，又可以在我們支援的最小 Java 版本上運行，是不是很棒的事情？

支援多個 Java 版本

要在程式庫的實作中使用新的 Java API，又不破壞回溯相容性，其中一種方式是選擇性地使用它們。如果可行的話，我們可以用反射來定位新的平台 API，很像第 99 頁的 "選擇性依賴關係" 中談到的情況。不幸的是，這會產生脆弱且難以維護的程式。此外，這種方法只適合在你使用新的平台 API 時使用。在程式庫實作中使用新的語言功能仍然是不可能實現的。例如，你不可能在程式庫中使用 lambdas，同時維持與 Java 7 的相容。另一種替代方法是維護與發表同一個程式庫的不同版本來支援不同的 Java 版本，但這種做法也沒有吸引力。

多版本 JAR

Java 9 加入一種新功能：多版本 JAR 檔案（multi-release JAR files）。這種功能可讓你將同一個類別檔案的不同版本包裝在一個 JAR 內。這些同一個類別的不同版本可以用不同的主 Java 平台版本來組建。在執行期，JVM 會根據目前的環境，載入最合適的類別版本。

要注意的是，這個功能與模組系統是分開的，不過它與模組化 JAR 可以良好地搭配。使用多版本 JAR 後，當目前的平台 API 與語言功能可供使用時，你可以在程式庫中使用它們。舊 Java 版本的使用者仍然可以使用同一個多版本 JAR 裡面的舊實作。

JAR 必須符合特定的配置，且它的資訊清單必須含有 Multi-Release: true 項目時，才可啟動多版本。類別的新版本必須位於 *META-INF/versions/<n>* 目錄內，其中的 *<n>* 是主 Java 平台版本。你不能將類別版本設為中級次要版本或補綴（patch）版本。

如同所有的資訊清單項目，Multi-Release: true 項目的前面不能有空格。
這個項目的鍵與值是不區分大小寫的。

以下是多版本 JAR 的內容範例（➡ *chapter10/multirelease*）：

```
mrlib.jar
├── META-INF
│   ├── MANIFEST.MF
│   └── versions
│       └── 9
│           └── mrlib
│               └── Helper.class
└── mrlib
    ├── Helper.class
    └── Main.class
```

它是個簡單的 JAR，裡面有兩個頂層的類別檔案。在 *META-INF/versions/9* 底下，也有另一個版本的 Helper 類別，它使用了 Java 9 功能。它們的完整名稱是完全相同的。從程式庫使用者的角度來看，這個程式庫只釋出一個版本，以 JAR 檔來表示。在內部使用多版本功能時，不應該違背這種預期。因此，所有類別在每一個版本中都應該使用完全相同的公用簽章。請注意，Java runtime 不會檢查這件事，所以開發者與工具應該負責確保這件事情。

為 Helper 建立 Java 9 專屬的版本有許多理由。首先，這個類別的原始實作可能會使用被 Java 9 移除或封裝的 API。Java 9 專屬的 Helper 版本可以使用 Java 9 加入的替代 API，而不會破壞在早期的 JDK 使用的實作。或者，Java 9 版本的 Helper 可使用新的功能，只因為它們比較快且比較好。

因為替代的類別檔案在 *META-INF* 目錄底下，所以較早期的 JDK 會忽略它。但是，當你在 JDK 9 上執行時，就會載入這個類別檔案，而非頂層的 Helper 類別。這個機制在類別路徑上與模組路徑上都是有效的。JDK 9 的所有類別載入器都已經被寫為可識別多版本 JAR 了。因為多版本 JAR 是在 JDK 9 加入的，在 *versions* 目錄底下只能使用 9 以上，所有較舊的 JDK 都只能看到頂層類別。

你可以使用不同的 --release 設定來編譯不同的原始檔，來輕鬆地建立一個多版本 JAR：

```
javac --release 7 -d mrlib/7 src/<all top-level sources> ❶
javac --release 9 -d mrlib/9 src9/mrlib/Helper.java ❷
jar -cfe mrlib.jar src/META-INF/MANIFEST.MF -C mrlib/7 . ❸
jar -uf mrlib.jar --release 9 -C mrlib/9 . ❹
```

❶ 在想要支援的最低版本層級編譯所有的一般原始程式。

❷ 僅編譯供 Java 9 使用的程式。

❸ 使用正確的資訊清單與頂層類別來建立 JAR 檔案。

❹ 使用新的 --release 旗標來更新 JAR 檔案，它會將類別檔案放在正確的 *META-INF/ versions/9* 目錄。

在這個案例中，Java 9 專屬的 Helper 版本會在它自己的 *src9* 目錄下。產生的 JAR 可在 Java 7 以上使用。唯有在 Java 9 上運行時，才會載入為 Java 9 編譯的 Helper 專屬版本。

 你最好盡量減少擁有不同版本的類別數量。將程式的差異分解成幾個類別 可以減少維護的負擔。為 JAR 的所有類別建立不同版本是不智的行為。

在 Java 9 釋出後，我們可以擴展 mrlib 程式庫，加入為那個 Java 版本實作的專屬 Helper：

```
mrlib.jar
├── META-INF
│   └── versions
│       ├── 10
│       │   └── mrlib
│       │       └── Helper.class
│       └── 9
│           └── mrlib
│               └── Helper.class
├── mrlib
│   ├── Helper.class
│   └── Main.class
```

在 Java 8 以下執行這個多版本 JAR，可像以前一樣，使用頂層的類別來工作。當你在 Java 9 執行它時，就會使用 *versions/9* 的 Helper。但是，當你在 Java 10 執行它時，則會 載入 *versions/10* 中，最匹配的 Helper。目前的 JVM 一定會載入最新版的類別，最新的 是 Java runtime 本身的版本。資源會遵守與類別相同的規則。你可以在 *versions* 下面為 不同的 JDK 版本放入特定的資源，它們會按照相同的優先順序被載入。

所有出現在 *versions* 底下的類別也必須出現在頂層。但是，你不需要讓每一個版本都有專屬的實作。在上例中，移除 *versions/9* 底下的 Helper 是絕對沒問題的。如此一來，當你在 Java 9 執行這個程式庫時，它會退回頂層的實作，只有 Java 10 之後會使用專屬的版本。

模組化多版本 JAR

你也可以將多版本 JAR 模組化，只要在頂層加入一個模組描述項即可。如前所述，當你在 Java 9 之前的 runtime 使用這個 JAR 時，*module-info.class* 會被忽略。你也可以將模組描述項放在 *versions/9*（及以上的版本）下面。

不過這會產生一個問題，我們是否可能有不同版本的 *module-info.class*？事實上，你可以擁有不同版本的模組描述項—例如，一個在 *versions/9* 底下，一個在 *versions/10* 底下。模組描述項之間不容許有太大的差異。那些差異不應該讓不同版本的 Java 的行為有明顯的差異，就像不同版本的類別必須有相同的簽章。

在實務上，不同版本的模組描述項應該遵循以下的規則：

- 只有對於 java.* 與 jdk.* 模組的非傳遞性 requires 可以不同。
- service 的 uses 子句可因為 service 型態的不同而不同。

當你在不同的 JDK 使用多版本 JAR 時，服務的使用，或在內部依賴不同的平台模組都不會造成明顯的差異。對不同版本的模組描述項做的任何其他改變都是不被允許的。如果你需要加入（或移除）requires transitive 子句，模組的 API 就會改變。這已經超出多版本 JAR 可支援的範圍了。在這種情況下，就必須將整個程式庫換成新版本。

如果你是程式庫維護者，也可以把事情做得很好。在一開始先決定一個模組名稱，並用 Automatic-Module-Name 來宣告它。現在你的使用者可以將你的程式庫當成自動模組來使用了，接著採取下一個步驟，真正將你的程式庫模組化。最後，多版本 JAR 可讓你在程式庫實作中使用 Java 9 功能，同時與舊版的 Java 保持回溯相容性。

第三部分

模組化開發工具

第十一章

組建工具與 IDE

我們曾經直接在命令列上使用 java 與 javac，但那不是現今多數應用程式的組建方式。多數的專案都是用 Maven 或 Gradle 之類的工具來組建的。這些組建工具可以處理以下的工作：在編譯期間管理類別路徑、管理依賴關係，與組建 JAR 檔案之類的成品，等等。最重要的是，多數的開發者都會使用 Eclipse、IntelliJ IDEA 或 NetBeans 之類的 IDE。IDE 提供程式碼自動完成、錯誤加強顯示、重構，與程式碼導覽等功能，可讓你更輕鬆地開發。

組建工具與 IDE 都需要知道在環境中有哪些型態可用。工具通常都會與類別路徑互動來完成這件事。但是顯然它們在 Java 模組系統出現之後會有明顯的改變。類別路徑已經不是控制哪些型態可供使用的（唯一）機制了，現在工具也必須考慮模組路徑。此外，專案也可能混合使用明確模組、類別路徑與自動模組。在寫這本書時，工具生態系統仍在努力支援 Java 9。這一章會介紹一些工具，並討論它們如何支援 Java 模組系統，或可能在近期如何支援。

Apache Maven

使用 Maven 來組建一個單模組專案很簡單。我們接著要來詳細介紹這些步驟，但不會展示程式或配置。如果你想要自行嘗試，可使用 GitHub 存放區的一個範例：➡ *chapter11/single-module*。

將 *module-info.java* 放在專案的 *src/main/java* 目錄之後，Maven 就會正確地設定編譯器，並使用模組來源路徑。你一定要將依賴關係放在模組路徑上，即使依賴關係還沒有被模組化。這代表還不是模組的依賴項目一定會被當成自動模組來處理。

這與我們在第 8 章和第 9 章的做法不同,在那裡,我們混合使用類別路徑與模組路徑。這兩種做法都可行,不過將所有東西都放在模組路徑上,可能會隱藏一些未來的問題。現在專案的輸出除了模組化的 JAR 之外,就沒有什麼特別的東西了。Maven 會很妥善地處理這個問題。

雖然表面上看不到太多東西,但許多事情是在內部發生的。Apache Maven 現在會考慮 Java 模組系統的規則了。以下是 Apache Maven 為了支援 Java 模組系統而做的重大改變:

- 在編譯期使用模組路徑
- 支援混合使用明確模組與自動模組作為依賴項目

有趣的是,這份清單不包含任何關於使用 *module-info.java* 來整合 POM 的東西,雖然 POM 內的依賴關係與 *module-info.java* 內的 requires 顯然是有關係的。這其實不是件奇怪的事情。你可以這樣想:Apache Maven 只設置模組路徑與類別路徑。Java 編譯器會接收這個輸入,並用它來編譯原始碼(包括 *module-info.java*)。Apache Maven 會將我們在這本書中使用的殼層腳本換掉;它並未換掉 Java 編譯器。顯然,我們需要兩者,但為何 Maven 不為我們生成 *module-info.java*?這跟模組的命名有很大的關係。

參與的名稱有三個:

- 在 *module-info.java* 裡面定義的模組名稱
- 在 *pom.xml* 裡面定義的 Maven 專案名稱
- Maven 生成的 JAR 檔案的名稱

當我們從其他的 *module-info.java* 檔案參考模組時,會使用模組名稱(例如)來 require 模組。當你在 *pom.xml* 裡面,在 Maven 層級加入對模組的依賴關係時,會用到 Maven 名稱。最後,Maven 生成的 JAR 檔案會發布來部署。

在 Maven 中,模組名稱(也稱為 Maven 座標)有三個部分:groupId : artifactId : version。groupId 用於命名空間。許多專案都有許多模組,groupId 可在邏輯上將它們放在一起。通常 groupId 是專案的網域名稱的反向。artifactId 是模組的名稱。不幸的是,不同的專案會使用不同的命名策略。有時專案名稱會被加入 artifactId,有時不會。最後,Maven 模組會被版本化。

Java 模組系統裡面的模組沒有 groupId，也不會使用版本資訊。就公用模組而言，建議你在模組名稱中加入專案的反向網域名稱。無論如何，Maven 模組名稱、Java 模組系統的模組名稱，與 Maven 成品名稱或許會有某種關係，但不會相同。圖 11-1 說明這一點。

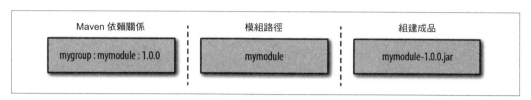

圖 11-1　命名成品

添加依賴關係也需要採取兩個步驟。首先，你要將依賴關係加入代表模組的 Maven 成品，使用 groupname:artifactname:version 格式的 Apache Maven 座標。這與 Java 模組系統出現之前的做法沒有任何不同。接下來，你要在 *module-info.java* 中以 requires 陳述式來加入依賴關係，來讓你的程式可使用模組匯出的型態。如果你沒有在 POM 檔案中加入依賴關係，編譯會在 requires 陳述式失敗，因為無法找到模組。如果你沒有在 *module-info.java* 加入依賴關係，依賴關係實際上仍然是無用的。

因為我們在兩個地方參考依賴關係，所以模組的名稱不一定要與 Apache Maven group:artifact:version 座標相同。依賴項目可能是個明確模組，也可能不是。如果找不到 *module-info.class*，依賴項目就會變成自動模組。這是使用者可以清楚知道的：從 Apache Maven 使用者的觀點來看，使用明確模組或自動模組沒有什麼差別。

在下一節，我們要來看一個完整的多模組專案的程式碼範例。

多模組專案

在 Java 模組系統問世之前，使用 Apache Maven 來建立多模組專案就已經是常見的做法了。就算它沒有 Java 模組系統帶來的強烈限制，這對模組化專案來說，仍然是很好的開始。多模組專案中的每一個模組都有它自己的 POM，也就是 XML 格式的 Maven 專屬組建描述項。模組的依賴關係是在 POM 裡面配置的，包括與外部程式庫的依賴關係，以及與專案內的其他模組的依賴關係。模組內部使用的每一種型態都必須屬於模組本身、JDK，或明確設置的依賴關係。概念上來說，這與你在 Java 模組系統中看過的沒有太大的差別。

雖然多模組專案在 Apache Maven 中是常見的，但你可能在想，在 Java 9 之前的世界中，模組到底是什麼東西？模組是以一個 JAR 檔案來表示的，它是常見的 Apache Maven 產品。在編譯期，Maven 會設置類別路徑，讓它只容納被設置為依賴項目的 JAR 檔案。透過這種方式，它可以模擬類似 Java 模組系統在模組描述項中使用 requires 來實施的行為。

在沒有 Java 模組系統的情況下，Apache Maven 不支援套件的強力封裝。如果你設定與其他模組的依賴關係，就可以讀取那個模組內的每一種型態。

使用 Apache Maven 來遷移 EasyText

這一節要將 EasyText 遷移到 Maven，EasyText 是我們在第 3 章介紹過的範例程式。我們不會改變程式碼，所以不在這裡列出它。

首先，我們將 EasyText 的目錄結構改為標準的 Apache Maven 目錄結構。每一個模組都有它自己的目錄，有一個 *src/main/java* 目錄儲存模組的原始檔案（包括 *module-info.java*），且在模組的根目錄有個 *pom.xml*。也請注意在專案根目錄有個 *pom.xml*，這是個父代 *POM*，讓你可以用一個命令來編譯所有的模組。以下是目錄的結構：

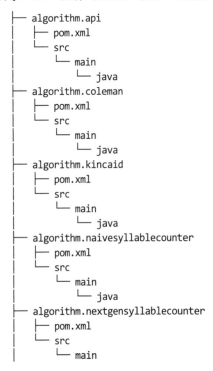

```
├── algorithm.api
│   ├── pom.xml
│   └── src
│       └── main
│           └── java
├── algorithm.coleman
│   ├── pom.xml
│   └── src
│       └── main
│           └── java
├── algorithm.kincaid
│   ├── pom.xml
│   └── src
│       └── main
│           └── java
├── algorithm.naivesyllablecounter
│   ├── pom.xml
│   └── src
│       └── main
│           └── java
├── algorithm.nextgensyllablecounter
│   ├── pom.xml
│   └── src
│       └── main
```

```
|           └── java
├── cli
|   ├── pom.xml
|   └── src
|       └── main
|           ├── java
|           └── resources
├── gui
|   ├── pom.xml
|   └── src
|       └── main
|           └── java
└── pom.xml
```

父代 POM 含有它的子專案的參考，也就是實際的模組。它也設置了編譯器外掛，來使用 Java 9。範例 11-1 是 *pom.xml* 檔案中，最有趣的部分。

範例 *11-1*　*pom.xml*（➡ *chapter11/multi-module*）

```xml
<modules>
  <module>algorithm.api</module>
  <module>algorithm.coleman</module>
  <module>algorithm.kincaid</module>
  <module>algorithm.naivesyllablecounter</module>
  <module>algorithm.nextgensyllablecounter</module>
  <module>gui</module>
  <module>cli</module>
</modules>

<build>
  <pluginManagement>
    <plugins>
      <plugin>
        <groupId>org.apache.maven.plugins</groupId>
        <artifactId>maven-compiler-plugin</artifactId>
        <version>3.6.1</version>
        <configuration>
          <release>9</release>
        </configuration>
      </plugin>
    </plugins>
  </pluginManagement>
</build>
```

注意，modules 部分不是新的，而且與 Java 模組系統沒有直接的關係。模組也都有自己的 *pom.xml*。它們會在裡面指定模組的 Apache Maven 座標（群組名稱、成品名稱，與版本），以及它的依賴關係。我們來看其中的兩個，easytext.algo rithm.api 與 easytext.algorithm.kincaid。API 模組沒有任何依賴關係，所以它的 *pom.xml* 很簡單，見範例 11-2。

範例 *11-2*   *pom.xml*（➥ *chapter11/multi-module/algorithm.api*）

```
<parent>
  <groupId>easytext</groupId>
  <artifactId>parent</artifactId>
  <version>1.0-SNAPSHOT</version>
</parent>

<artifactId>algorithm.api</artifactId>

<name>Algorithm API</name>
```

在 *module-info.java* 中，模組的定義如範例 11-3 所示。

範例 *11-3*   *module-info.java*（➥ *chapter11/multi-module/algorithm.api*）

```
module easytext.algorithm.api {

    exports javamodularity.easytext.algorithm.api;

}
```

注意，在技術上，群組／成品的名稱與模組的 *module-info.java* 內指定的模組名稱是無關的。它們可能會完全不同。無論如何，你只要記得，當你在 *pom.xml* 檔案裡面建立依賴關係時，就需要使用 Apache Maven 座標。當你在 *module-info.java* 裡面 require 模組時，要使用在其他模組的 *module-info.java* 裡面指定的名稱；Apache Maven 座標在那個層面上沒有發揮任何作用。此外，你也要注意，目錄名稱不一定要與模組名稱相同。

執行組建會產生 *target/algorithm.api-1.0-SNAPSHOT.jar*。

接著我們來看使用 easytext.algorithm.api 的模組。在這個例子中，我們必須在模組的 *pom.xml* 裡面加上一個依賴關係，並在它的 *module-info.java* 裡面加入 requires 陳述式，如範例 11-4 所示。

範例 *11-4* *pom.xml*（➥ *chapter11/multi-module/algorithm.kincaid*）

```
<groupId>easytext</groupId>
<artifactId>algorithm.kincaid</artifactId>
<packaging>jar</packaging>
<version>1.0-SNAPSHOT</version>
<name>algorithm.kincaid</name>

<parent>
  <groupId>easytext</groupId>
  <artifactId>parent</artifactId>
  <version>1.0-SNAPSHOT</version>
</parent>

<dependencies>
  <dependency>
      <groupId>easytext</groupId>
      <artifactId>algorithm.api</artifactId>
      <version>${project.version}</version>
  </dependency>
</dependencies>
</project>
```

我們可以在 *module-info.java* 裡面看到預期的 requires，如範例 11-5 所示。

範例 *11-5* *module-info.java*（➥ *chapter11/multi-module/algorithm.kincaid*）

```
module easytext.algorithm.kincaid {

    requires easytext.algorithm.api;

    provides javamodularity.easytext.algorithm.api.Analyzer
        with javamodularity.easytext.algorithm.kincaid.KincaidAnalyzer;

    uses javamodularity.easytext.algorithm.api.SyllableCounter;
}
```

將 *pom.xml* 裡面的依賴關係或 *module-info.java* 裡面的 requires 移除，都會產生編譯錯誤。確切的原因有很細微的差異，將 *pom.xml* 裡面的依賴關係移除會產生以下的錯誤：

```
module not found: easytext.algorithm.api
```

將 requires 陳述式移除會產生以下錯誤：

```
package javamodularity.easytext.algorithm.api is not visible
```

如前所述，Apache Maven 只設置模組路徑。Apache Maven 依賴關係與 *module-info.java* 內的 requires 陳述式是在不同的層面上運作的。

如果你用過 Apache Maven 的話，應該很熟悉 *pom.xml* 檔案。Apache Maven 在使用 Java 模組系統時，不需要使用新的語法或配置。

這個範例展示，已被妥善模組化的 Apache Maven 可以輕鬆地遷移到 Java 模組系統。實際上，你只要加入 *module-info.java* 檔案即可。如此一來，我們就可以取得封裝功能，以及更強壯的執行期模型。

使用 Apache Maven 來執行模組化應用程式

我們已經將範例專案設置為可用 Apache Maven 來組建了，但是該如何執行它？Maven 只是個組建工具，在執行期不起作用。Maven 可組建我們想要執行的成品，但是畢竟，我們也需要設置 Java runtime 來以正確的模組路徑與（或）類別路徑來執行。

手動設置模組路徑比類別路徑簡單許多，但它仍然是重複的工作，因為資訊已經在 *pom. xml* 檔案裡面了。Maven 有個 exec 外掛可協助進行這個程序。請記得，這只會設置模組路徑。我們將會根據 *pom.xml* 內列出的依賴關係來設置模組路徑。我們只需要用要執行的模組與主類別來設置外掛。範例 11-6 是 CLI 模組的配置。

範例 11-6　pom.xml（➥ chapter11/multi-module/algorithm.cli）

```
<build>
  <plugins>
    <plugin>
      <groupId>org.codehaus.mojo</groupId>
      <artifactId>exec-maven-plugin</artifactId>
      <version>1.6.0</version>
      <executions>
        <execution>
          <goals>
            <goal>exec</goal>
          </goals>
        </execution>
      </executions>
      <configuration>
        <executable>${JAVA_HOME}/bin/java</executable>
        <arguments>
          <argument>--module-path</argument>
          <modulepath/>
          <argument>--module</argument>
```

```
        <argument>easytext.cli/javamodularity.easytext.cli.Main</argument>
        <argument>${easytext.file}</argument>
      </arguments>
    </configuration>
  </plugin>
 </plugins>
</build>
```

我們可以使用 exec 命令來啟動應用程式，來執行外掛：

```
mvn exec:exec
```

Gradle

不幸的是，在寫這本書時，Gradle 尚未官方支援 Java 模組系統。它預計會提供支援，可能會以類似 Maven 的方式。關於程式碼的模組化，Gradle 已經有很好的支援了。支援多模組專案是件好事，可為 Java 模組系統預先做很好準備。

IDE

IntelliJ、Eclipse 與 NetBeans 等 IDE 都支援 Java 模組系統，甚至在 Java 9 官方版本問世之前。IDE 在支援 Java 模組系統方面最重要的功能是瞭解 *module-info.java* 檔案內的 requires 與 exports。這些關鍵字控制了模組可使用的型態，且 IDE 應該使用它們來做語法完成、印出錯誤，與建議模組依賴項目。這三種 IDE 都支援這些功能。這與 Java 模組對應至 IDE 內的**專案、工作區與模組**的方式有密切的關係。每一個 IDE 都有它自己的結構，且 Java 模組必須對應這個結構。

在 Eclipse 中，每一個**專案**都代表一個模組，預設它會有一個 *module-info.java*。一如往常，專案會被群聚在**工作區**（*workspace*）裡面。IntelliJ 與 NetBeans 對於**模組**都已經有它們的概念，現在都已經直接對應至 Java 模組系統的模組了。

全部的三種 IDE 都支援 *module-info.java* 檔案的編輯。包括對於模組名稱的錯誤加強顯示與語法自動完成。有些 IDE 甚至可根據模組描述項來顯示視覺化的模組圖。

雖然這對使用者而言幾乎是公開的資訊，但是在涉及專案結構的管理時，IDE 中顯然有些重複的項目。IDE 內部有自己的模組（或專案，就 Eclipse 而言）表示方式。在過去，這個模型可與外部的模型同步，例如 Maven 或 Gradle。現在 Java 模組系統模型採用三層的模組表示法。雖然工具會隱藏這個事實，但是當你更深入研究時，會變得有些混亂。圖 11-2 解釋如何使用 Maven 與 *module-info.java* 在 IDE 中設置專案。未來 Gradle
應該也會採取相同的做法。

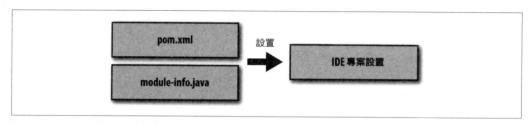

圖 11-2　在 IDE 中設置能見度

我們可以期望這些工具的未來版本可以進一步支援重構、提示與遷移至模組。

第十二章

測試模組

將基礎程式模組化的過程也包括測試。Java 社群一向都在培養測試自動化的文化。單元測試在 Java 軟體開發中起了很大的作用。

模組系統對既有的測試實務有什麼影響?我們希望能夠在模組內測試程式。在這一章,我們要來看兩種常見的情況:

黑箱測試

    從外面測試模組。黑箱測試會在不知道內部知識的情況下(因此,箱子是不透明的)操作模組的公用 API。這些測試可能是測試單個模組,或一次測試多個模組。因此,你也可以將這些測試當成模組的整合測試。

白箱測試

    從裡面測試模組。白箱測試不採取外面的觀點,而是設想模組內部的知識。這些測試通常是單元測試,會單獨測試一個類別或方法。

雖然也有其他的測試方案可用,但這兩種方法廣泛涵蓋各種現有的做法。黑箱測試在測試時有比較多限制,但是它們也比較穩定,因為它們會操作公用 API。反過來說,白箱測試可以較輕鬆地測試內部細節,但冒著需要更多維護工作的風險。

這一章的重點是測試方法與模組系統之間的互動。組建工具與 IDE 將會處理本章談到的許多細節。不過,瞭解模組系統的測試情境是非常重要的事情。

本章接下來要測試以下的模組:

```
easytext.syllablecounter
├── javamodularity
│   └── easytext
```

```
|         └── syllablecounter
|              ├── SimpleSyllableCounter.java
|              └── vowel
|                   └── VowelHelper.java
└── module-info.java
```

easytext.syllablecounter 的模組描述項是：

```
module easytext.syllablecounter {
  exports javamodularity.easytext.syllablecounter;
}
```

含有 VowelHelper 的套件沒有被匯出，而 SimpleSyllableCounter 在一個被匯出的套件內。在內部，SimpleSyllableCounter 使用 VowelHelper 來實作音節計數演算法。當你從黑箱移往白箱時，這個區別就會變重要。

在接下來的章節中，我們要來看如何使用模組來運行這兩種測試。

黑箱測試

假設我們想要測試 easytext.syllablecounter 模組。我們想要測試模組的 API 的行為，而不是測試所有的內部細節。在這個案例中，這代表測試 SimpleSyllableCounter 公開的公用 API。它有一個公用方法，countSyllables。

做這項測試最簡單的方法是建立另一個 requires easytext.syllablecounter 的模組，如圖 12-1 所示。你也可以直接將模組與它的測試程式放在類別路徑上。我們在此不採取這個選項，因為我們希望將模組當成模組來測試（即，包括它含有 requires 與 uses 子句的模組描述項），而不是當成類別路徑上的某種程式。在第 243 頁的 "白箱測試" 中，我們會討論如何測試模組的內部，屆時會展示類別路徑測試方法。

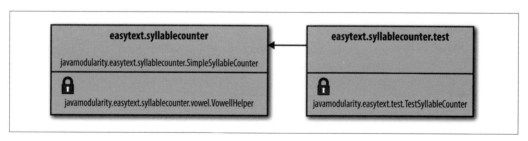

圖 12-1 使用個別的 easytext.syllablecounter.test 模組來測試 easytext.syllablecounter 模組

我們要先建立一個沒有測試框架的測試，稍後會改寫測試來使用 JUnit，它是一種熱門的單元測試框架。範例 12-1 是執行程式的程式，它使用標準的 Java 判斷提示來做驗證。

範例 *12-1* 對 *SimpleSyllableCounter* 進行黑箱測試（➡ *chapter12/blackbox*）

```
package javamodularity.easytext.test;

import javamodularity.easytext.syllablecounter.SimpleSyllableCounter;

public class TestSyllableCounter {

  public static void main(String... args) {
    SimpleSyllableCounter sc = new SimpleSyllableCounter();

    assert sc.countSyllables("Bike") == 1;
    assert sc.countSyllables("Motor") == 2;
    assert sc.countSyllables("Bicycle") == 3;

  }

}
```

這段程式非常簡單：main 方法會實例化被公開匯出的 SimpleSyllableCounter 類別，並使用 assert 來驗證它的行為。我們使用以下的描述項來將測試類別放在它自己的模組內：

```
module easytext.syllablecounter.test {
  requires easytext.syllablecounter;
}
```

接下來，你可以像往常一樣編譯與執行它。我們假設被測試的模組已經被編譯到 *out* 目錄內了：

```
$ javac --module-path out \ ❶
--module-source-path src-test -d out-test -m easytext.syllablecounter.test
$ java -ea --module-path out:out-test \ ❷
-m easytext.syllablecounter.test/javamodularity.easytext.test.TestSyllableCounter ❸
Exception in thread "main" java.lang.AssertionError
  at easytext.syllablecounter.test/javamodularity.easytext.test.
    TestSyllableCounter.main(TestSyllableCounter.java:12)
```

❶ 使用在模組路徑上，我們想要測試的模組來編譯測試程式。

❷ 在執行時啟動判斷提示（-ea），並使用在模組路徑上要測試的模組，以及測試模組來執行。

❸ 啟動測試模組中含有 main 方法的類別。

這會丟出一個 AssertionError，因為不成熟的音節計數演算法被單字 *Bicycle* 嘻著了。這是件好事，因為這代表我們有個可動作的黑箱測試。在我們介紹執行測試的測試框架之前，先來考慮一下這個黑箱測試法。

以這種方式來測試模組有一些好處，但是也有一些壞處。做黑箱測試的好處之一是，你可以在模組的**自然棲息地**測試它。你測試模組的方式，就像在應用程式的其他模組使用它的方式。例如，如果被測試的模組會提供一項服務，我們也可以用這種設置來測試它。你只要在測試模組的模組描述項加入 uses 限制，並在測試程式中使用 ServiceLoader 來載入服務就可以了。

另一方面，用這種方式來測試模組代表只有被匯出的部分可被直接測試。例如，你無法直接測試被封裝的 VowelHelper 類別。你也無法操作 SimpleSyllableCounter 的任何非公用部分。

 你可以使用（舉例）--add-exports 或 --add-opens 旗標來讓測試模組操作被封裝的部分，來執行測試。

另一個限制是，測試類別與被測試的類別必須位於不同的套件。在做 Java 的單元測試時，我們通常會將測試類別放在不同的原始檔資料夾，但在同一個套件名稱底下。這種設定的目的是為了測試**套件私用**的元素（例如，沒有 public 修飾詞的類別）。在類別路徑的情況下，這沒有問題，套件會在執行測試時像之前一樣合併。但是，你無法在根階層載入含有相同套件的兩個模組（見第 133 頁的 "階層中的類別載入"）。

最後，你必須滿足被測試的模組以及測試模組本身的所有依賴關係。如果 easytext. syllablecounter 有 require 其他的模組，它們也必須在模組路徑上。當然，你可以在這些情況下建立**類比模組**。你可以建立一個名稱相同的新模組，裡面只有足夠的程式來讓測試可以執行，而不是將實際的模組依賴項目放在模組路徑上。是否採取這種做法取決於測試的範圍。使用實際的模組來執行測試比較像整合測試，而使用類比模組來執行測試可提供更多隔離與控制。

使用 JUnit 來做黑箱測試

此時，我們可以從個別的測試模組對 easytext.syllablecounter 執行測試程式。不過，在 main 方法中用一般的判斷提示來編寫測試程式並不是一般的 Java 測試方式。為了解決這個問題，我們要使用 JUnit 4 來重新編寫測試程式，見範例 12-2。

範例 12-2　針對 *SimpleSyllableCounter* 的 *JUnit* 測試（➡ *chapter12/blackbox*）

```
package javamodularity.easytext.test;

import org.junit.Test;
import javamodularity.easytext.syllablecounter.SimpleSyllableCounter;

import static org.junit.Assert.assertEquals;

public class JUnitTestSyllableCounter {

  private SimpleSyllableCounter counter = new SimpleSyllableCounter();

  @Test
  public void testSyllableCounter() {
    assertEquals(1, counter.countSyllables("Bike"));
    assertEquals(2, counter.countSyllables("Motor"));
    assertEquals(3, counter.countSyllables("Bicycle"));
  }

}
```

現在測試模組與 JUnit 有依賴關係。在執行期，JUnit 測試程式以反射來載入我們的測試類別來執行單元測試方法。為了讓它生效，你必須匯出或開放測試套件。我們只要使用一個開放模組就可以了：

```
open module easytext.syllablecounter.junit {
  requires easytext.syllablecounter;
  requires junit;
}
```

圖 12-2 是新的情況，加入 JUnit。

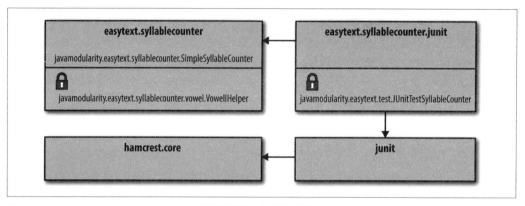

圖 12-2 easytext.syllablecounter.junit 模組依賴（自動）模組 junit

為了讓程式可運作，我們將 JUnit JAR（與它的 Hamcrest 依賴項目）放在 *lib* 資料夾內：

```
lib
├── hamcrest-core-1.3.jar
└── junit-4.12.jar
```

接下來，我們可將 *lib* 放在模組路徑上，讓 JUnit 被當成自動模組來使用。衍生的模組名稱是 junit 與 hamcrest.core。

與之前一樣，我們假設 easytext.syllablecounter 模組在 *out* 資料夾內：

```
$ javac --module-path out:lib \ ❶
        --module-source-path src-test -d out-test -m easytext.syllablecounter.junit
$ java --module-path out:lib:out-test \
       -m junit/org.junit.runner.JUnitCore \ ❷
         javamodularity.easytext.test.JUnitTestSyllableCounter

JUnit version 4.12

.E
Time: 0,002
There was 1 failure:
1) initializationError(org.junit.runner.JUnitCommandLineParseResult)
java.lang.IllegalArgumentException: Could not find class
[javamodularity.easytext.test.JUnitTestSyllableCounter]
```

❶ 使用模組路徑上的 test 與 JUnit 底下的模組（作為自動模組）來編譯測試程式

❷ 從 JUnit（自動）模組啟動 JUnitCore 測試執行程式。

執行測試是用 JUnitCore 執行類別來完成的，它是 JUnit 的一部分。它是個簡單的主控台式測試執行程式，我們以命令列引數來提供測試類別的類別名稱。不幸的是，執行單元測試會產生例外，說 JUnit 無法找到 JUnitTestSyllableCounter 類別。為什麼它無法找到這個測試類別？畢竟，我們已開放模組，讓 JUnit 可在執行期操作它。

問題在於，測試模組從未被解析。JUnit 被當成根模組來使用，以啟動執行程式。因為它是個自動模組，在模組路徑上的其他自動模組（hamcrest.core）也會被解析。但是，junit 並未 require easytext.syllablecounter.junit，也就是含有我們的測試程式的模組。唯有在執行期時，JUnit 才會試著使用反射，從測試模組載入測試類別。這是無效的，因為 easytext.syllablecounter.junit 從未在啟動時被模組系統解析，即使它在模組路徑上。

為了解析測試模組，我們可以在啟動測試執行程式時定義一個 --add-modules：

```
$ java --module-path out:lib:out-test \
       --add-modules easytext.syllablecounter.junit \
       -m junit/org.junit.runner.JUnitCore \
          javamodularity.easytext.test.JUnitTestSyllableCounter

JUnit version 4.12
.E
Time: 0,005
There was 1 failure:
1) testSyllableCounter(javamodularity.easytext.test.JUnitTestSyllableCounter)
java.lang.AssertionError: expected:<3> but was:<1>
```

現在我們得到一個合理的測試失敗了，代表 JUnit 可以執行我們的測試類別了。

我們已經擴展黑箱測試，來使用外部的測試框架了。因為 JUnit 4.12 沒有被模組化，它必須被當成自動模組來使用。唯有當測試模組已被解析，且我們的測試類別可在執行期被操作時，才可以透過 JUnit 來執行測試。

白箱測試

如果我們也想要測試 VowelHelper 呢？它有一個公用方法 isVowel 與一個套件私用方法 getVowels，是一個公開的、未被匯出的類別。對這個類別進行單元測試代表從黑箱測試跨越到白箱測試。

你必須操作被封裝的 VowelHelper 類別。此外，當我們想要測試套件私用功能時，必須將測試類別放在同一個套件中。我們如何在模組化設定中取得這些能力？你可以使用 --add-exports 或 --add-opens 在有限範圍內公開型態，供測試工作使用。如果你必須將測式類別與被測試的類別放在同一個套件裡面，測試模組與被測試的模組之間就會產生套件衝突。

我們有兩個主要的方法可以解決這個問題。哪一種在實務上是最佳的做法還有待觀察。同樣的，這主要取決於組建工具與 IDE。我們會討論這兩種做法，來感受底層的運作機制：

- 使用類別路徑來測試

- 注入測試來修補模組

第一種做法是最簡單的一種，因為它主要建立在常見的事情上：

```
package javamodularity.easytext.syllablecounter.vowel;

import org.junit.Test;
import javamodularity.easytext.syllablecounter.vowel.VowelHelper;

import static org.junit.Assert.assertEquals;
import static org.junit.Assert.assertTrue;

public class JUnitTestVowelHelper {

    @Test
    public void testIsVowel() {
        assertTrue(VowelHelper.isVowel('e'));
    }

    @Test
    public void testGetVowels() {
        assertEquals(5, VowelHelper.getVowels().size());
    }

}
```

我們在測試已被編譯的模組裡面被封裝的程式時，可以在測試期間不將它視為模組。放在類別路徑上的模組的行為，就好像它們沒有模組描述項一樣。此外，在類別路徑上的 JAR 之間的劈腿套件不會造成任何問題。如果接下來測試類別也是在模組外部編譯的，一切都可相當良好地運作：

```
$ javac -cp lib/junit-4.12.jar:out/easytext.syllablecounter \
        -d out-test $(find . -name '*.java')

$ java -cp lib/junit-4.12.jar:lib/hamcrest-core-1.3.jar:\
            out/easytext.syllablecounter:out-test \
        org.junit.runner.JUnitCore \
        javamodularity.easytext.syllablecounter.vowel.JUnitTestVowelHelper
JUnit version 4.12
..
Time: 0,004

OK (2 tests)
```

當然，使用類別路徑代表我們無法受益於模組的自動解析。在模組描述項中宣告的依賴關係不會被解析，因為在類別路徑上的模組就像個正規的、未模組化的 JAR。你必須手動建構類別路徑。此外，受測試模組的模組描述項內的任何服務的 provides/uses 子句都會被忽略。所以，雖然使用類別路徑的測試方法可行，但它有好幾個缺點。將模組當成模組來測試，而不是當成未被模組化的 JAR 或許比較好。

有一個方式可以保持模組結構的完整性，同時在同一個套件中建立一個測試類別。透過一種稱為**模組補綴**（*module patching*）的功能，我們可將新的類別加入既有的模組中。

以下是在相同的模組與套件中建立白箱單元測試的方法。首先，我們必須用 --patch-module 旗標來編譯測試類別：

```
$ javac --patch-module easytext.syllablecounter=src-test \ ❶
        --module-path lib:out \
        --add-modules junit \ ❷
        --add-reads easytext.syllablecounter=junit \ ❸
        -d out-test $(find src-test -name '*.java')
```

❶ 測試原始碼會被當成好像是 easytext.syllablecounter 模組的一部分來編譯。這個測試程式沒有模組描述項。

❷ 因為沒有測試模組描述項來 require junit，我們必須明確地加入它。

❸ 將測試類別加入 easytext.syllablecounter 之後，現在這個模組必須讀取 junit。在原始的模組描述項中，沒有 requires 子句可做這件事，所以我們必須使用 --add-reads。

藉由補綴模組，我們可以將單元測試類別當成已被編譯的 easytext.syllablecounter 模組的一部分來編譯。因為測試程式住在同一個套件裡面，所以它可以呼叫套件私用的 getVowels 方法。

動態地讓測試類別成為 easytext.syllablecounter 模組的一部分確實會帶來一些挑戰。我們必須做一些事情來確保模組現在可讀取 junit。在執行期，junit 必須能夠操作未被匯出的套件中的測試類別。這會產生以下相當令人印象深刻的 java 呼叫：

```
$ java --patch-module easytext.syllablecounter=out-test \ ❶
  --add-reads easytext.syllablecounter=junit \ ❷
  --add-opens \ ❸
  easytext.syllablecounter/javamodularity.easytext.syllablecounter.vowel=junit \
  --module-path lib:out \
  --add-modules easytext.syllablecounter \ ❹
  -m junit/org.junit.runner.JUnitCore \
      javamodularity.easytext.syllablecounter.vowel.JUnitTestVowelHelper

JUnit version 4.12
..
Time: 0,004

OK (2 tests)
```

❶ 在執行期，我們必須用已被編譯的測試類別來補綴模組。

❷ 在編譯過程中，模組必須讀取 junit，它並未在模組描述項中表達。

❸ 因為 junit 會以反射來實例化 JUnitTestVowelHelper，它會含有需要被開放或被匯出給 junit 的套件。

❹ 與之前一樣，junit 是初始模組，且沒有 require easytext.syllablecounter，所以我們必須明確地加入它。

與編譯器呼叫不同的是，我們不需要使用 --add-modules junit。JUnit 會被當成根模組來執行，因此已經被解析了。

在圖 12-3 中，你可以看到用補綴模組來執行單元測試的全貌。

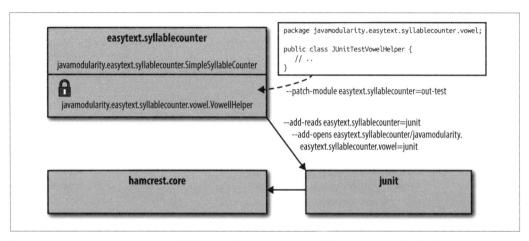

圖 12-3　JUnitTestVowelHelper 類別（在與 VowelHelper 相同的套件內）被補綴到 easytext.syllablecounter 模組裡面

第二種做法有許多會變動的部分。往好處看，我們也會在測試期考慮模組的所有功能。模組的依賴關係會被解析，且 uses/provides 會被考慮。但不利的是，設定所有正確的命令列旗標看起來很麻煩。雖然我們可以解釋為什麼要做每一件事情，但它仍然得費許多功夫。

在實務上，設定單元測試的細節不是開發人員的責任。組建工具與開發環境會為大部分的熱門測試框架提供它們自己的測試執行程式。這些執行程式應負責設定環境，來讓測試程式可被自動補綴到模組內。

補綴模組的其他原因

你除了可以在做單元測試時補綴模組之外，也可在其他的情況使用它。例如，在除錯時，你可能想要在既有的模組中加入某些類別，或將一些類別換掉。類別與資源都可以補綴到模組裡面，唯一不能變動的是模組描述項。`--patch-module` 旗標也可用於平台模組。所以技術上來說，你可以在 `java.base` 模組的 `java.lang` 套件內放入類別，或將該套件內的類別換掉。模組補綴取代的是被 JDK 9 移除的 `-Xbootclasspath:/p` 功能。我們非常不鼓勵在進入生產程序時使用模組補綴功能。

測試工具

許多 IDE 與組建工具都良好地支援 JUnit 與 TestNG 等測試框架。通常，它們會被用來編寫與執行白箱單元測試。目前大部分的工具都可以接收類別路徑路由來執行測試，即使程式碼包含模組描述項亦然，採取這種方式時，模組描述項基本上會被忽略，如同強力封裝。因為如此，測試的運行方式與之前相同。這也可以和既有的專案結構保持相容，它們的應用程式與測試程式會在不同的資料夾，但是在相同的套件結構中。

如果程式碼依賴會在模組描述項中使用新關鍵字的服務，就無法在類別路徑上自動工作。所以，本章談過的黑箱測試方案比較適合。目前的測試框架版本並未特別支援這些情況。我們預期將來會有新的工具，或既有工具會提供支援，可按照本章談到的策略來協助測試模組。

第十三章

使用自訂 runtime 映像來縮小體積

現在你已經知道處理模組化應用程式的所有工具與程序了，但還有一個更讓人興奮的主題有待探索。在第 41 頁的 "連結模組" 中，我們大略介紹了為特定的應用程式訂做 runtime 映像的機制。這種映像只容納執行應用程式需要的模組。你可以用模組的明確依賴資訊，來以 jlink 生成最小化的 runtime 映像。

建立自訂的 runtime 映像有以下好處：

容易使用

jlink 可提供包含應用程式與 JVM 的自給自足版本，以供發表。

減少空間

只有應用程式會用到的模組會被連結到 runtime 映像裡面。

效能

自訂的 runtime 可能會因為連結時間最佳化而有較快的執行速度，用其他方法來提升執行速度可能需要付出很高的代價，或者不可能做到。

安全

因為在自訂的 runtime 映像中只有最少量的被 require 的平台模組，所以可減少攻擊表面積。

雖然建立自訂的 runtime 映像是選擇性的步驟，但擁有一個較小型且執行速度較快的二進位版本是很吸引人的動機—特別是在應用程式的目標是資源有限的設備，例如嵌入式系統；或者，當它們在一切都要計量的雲端上運行時。將自訂的 runtime 映像放入 Docker 容器是建立資源高效的雲端部署的好方法。

此外還有其他的措施可改善 Java 對容器的支援。例如，現在 OpenJDK 9 也提供 Alpine Linux 連接埠。在這個簡約的 Linux 版本上執行 JDK 或自訂的 runtime 映像是另一種減少部署空間的方式。

同時發布你的應用程式與 Java runtime 的另一種好處是，如此一來，使用者安裝的 Java 版本與執行應用程式所需要的版本之間就不會有不匹配的情況。在一般情況下，你必須在執行 Java 應用程式之前安裝 Java Runtime Environment（JRE）或 Java Development Kit（JDK）。

JRE 是 JDK 的子集合，它是設計來執行 Java 應用程式，而不是開發 Java 應用程式的。它一直都是獨立的下載項目，是專門為終端使用者設計的。

自訂的 runtime 映像是完全自給自足的。它會將應用程式模組與 JVM 以及它需要的所有其他東西綁在一起，來執行你的應用程式。你不需要安裝其他的 Java 版本（JDK/JRE）。例如，採取這種方式，你可以輕鬆地發表以 JavaFX 為基礎的桌面應用程式。藉由建立自訂的 runtime 映像，你可以提供單個下載檔案，裡面含有應用程式與 runtime 環境。另一方面，映像是不可攜的，因為它會支援特定的 OS 與架構。在第 262 頁的 "多目標 Runtime 映像" 中，我們會討論如何建立供不同的系統使用的映像。

現在是研究 jlink 的功能的時候了。在你看到工具本身之前，我們要先來討論連結以及它為 Java 應用程式開闢什麼新的可能性。

靜態 vs. 動態連結

建立自訂的 runtime 映像也可以視為一種靜態的模組連結形式。連結是將已編譯的成品變成可執行的形式。傳統上，Java 一直都在類別層級採用動態連結。Java 會在執行期惰性載入類別，並隨時視情況動態連結其他的類別。接著虛擬機器的 just-in-time（JIT）

編譯器會在執行期編譯機器碼。在這個過程中，JVM 會對產生的類別集合執行最佳化。雖然這個模型有很大的彈性，但是在這種動態的環境下，比較難以（或不可能）採用在靜態環境較容易實現的最佳化方法。

其他的語言會做不同的選擇，例如將所有程式靜態連結到單一程式庫內。在 C++，你可以選擇靜態或動態連結。隨著模組系統與 jlink 的引入，我們現在也可以在 Java 中選擇這種做法。我們仍然可以在自訂的 runtime 映像中動態地載入與連結類別，也可以用靜態的方式來指定有哪些模組的類別可被載入。

靜態連結的優點在於，它能提前對整個應用程式進行最佳化。實際上，這代表最佳化可以套用的範圍橫跨類別與模組邊界，會考慮到整個應用程式。這之所以可行，是因為透過模組系統，我們可以對整個應用程式的實際情況有前期的瞭解。我們可以掌握所有的模組，從根模組（應用程式的入口）到程式庫，一路到被 require 的平台模組。被解析出來的模組圖可代表整個應用程式。

> 連結與 ahead-of-time (AOT)（提前）編譯不同。用 jlink 生成的 runtime 映像仍然是以 bytecode 組成的，不是機器碼。

將整個程式最佳化的例子包括消除無用程式、常數摺疊（constant folding），與直接插入（inlining）。這些最佳化超出本書討論的範圍，幸運的是，你可以找到大量的參考文獻[1]。

這些最佳化之所以可行且有效，是因為我們假設所有相關的程式都可在同一段時間被使用。連結階段就是這裡所指的時間，而 jlink 是做這件事的工具。

---

[1] 你可以在 Craig Chambers 等人所著的 "Whole-Program Optimization of Object-Oriented Languages" （*http://bit.ly/chambers-et-al*）看到很棒的介紹，這篇文章不是為特定的語言而寫的。

使用 jlink

到第 41 頁的 "連結模組",我們建立了一個自訂的 runtime 影像,它是只用 helloworld 模組與 java.base 來組成的。在第 3 章的結尾,我們建立一個有趣許多的應用程式: EasyText,以及它的多種分析和 CLI/GUI 前端。提醒你,我們是藉由設定正確的模組路徑並啟動正確的模組,在完整的 JDK 上執行 GUI 前端的:

```
$ java -p mods -m easytext.gui
```

假設 *mods* 目錄含有 EasyText 的模組化 JAR,會產生圖 13-1 的執行期情況。

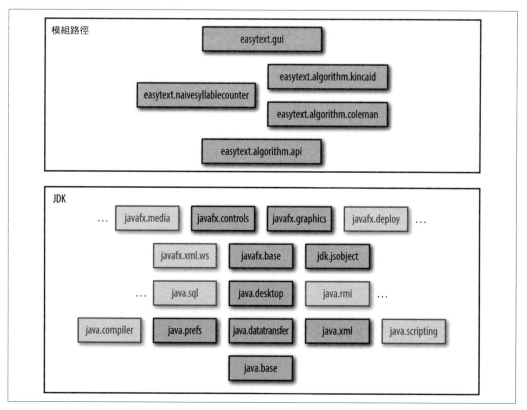

圖 13-1 在執行 easytext.gui 時,在執行期被解析的模組。淡灰色的模組是 JDK 提供, 但未被解析的

在 JVM 啟動時，模組圖就會被建構。從根模組 easytext.gui 開始，所有的依賴關係都會被遞迴解析。應用程式模組與平台模組都屬於解析後的模組圖。但是，如圖 13-1 所示，除了這個應用程式絕對必要的模組之外，JDK 還有許多平台模組可用。淡灰色的模組只是冰山的一角，因為它有大約 90 個平台模組。其中只有九個是在執行 easytext.gui 的 JavaFX UI 時必要的。

我們來為 EasyText 建立一個自訂的 runtime 映像，來擺脫那些負擔。首先，我們必須做出選擇的是，該讓哪些元素屬於映像的一部分？只有 GUI ？只有 CLI ？還是兩者？你可以為你的應用程式的各種使用者族群建立多個映像，這個問題沒有正確或錯誤的答案。連結會明確地將模組組成一個連貫的整體。

就目前而言，我們先只為 EasyText 的 GUI 版本建立一個 runtime 映像。我們以 easytext.gui 作為根模組，來呼叫 jlink：

```
$ jlink --module-path mods/:$JAVA_HOME/jmods              \ ❶
        --add-modules easytext.gui                        \ ❷
        --add-modules easytext.algorithm.coleman          \
        --add-modules easytext.algorithm.kincaid          \
        --add-modules easytext.algorithm.naivesyllablecounter \
        --launcher easytext=easytext.gui                  \ ❸
        --output image ❹
```

❶ 設定可讓 jlink 找到模組的模組路徑，包括 JDK 內的平台模組。

❷ 添加要加入 runtime 映像的根模組。除了 easytext.gui 之外，我們也將服務供應模組作為根模組加入。

❸ 定義作為 runtime 映像的一部分的啟動腳本的名稱，指示它應該執行的模組。

❹ 設定生成映像的輸出目錄。

> jlink 工具位於 JDK 安裝目錄的 *bin* 目錄中。它在預設情況下並未被加到系統路徑，所以要像上述範例一樣使用它，你必須先將它加到路徑。

你也可以用逗號來分隔多個根模組來提供它們，替代這裡使用的 --add-modules。

這裡指定的模組路徑明確地包括含有平台模組的 JDK 目錄（*$JAVA_HOME/jmods*）。這與之前使用 java 與 javac 時不同：在那裡，我們預設平台模組來自執行 java 或 javac 時的同一個 JDK。在第 262 頁的 "多目標 Runtime 映像" 中，你會看到為何這一點在 jlink 是不同的。

如第 75 頁的 "服務與連結" 所述，我們也必須將服務供應模組作為根模組加入。模組
圖的解析只會透過 requires 來發生；jlink 在預設情況下不允許使用 uses 與 provides 依
賴關係。在第 256 頁的 "尋找正確的服務供應模組" 中，我們會告訴你如何找到正確的
服務供應模組來加入。

> 你可以對 jlink 加入 --bind-services 旗標。這會指示 jlink 在解析模組時，
> 也考慮 uses/provides。但是，這也會綁定平台模組間的所有服務。因為
> java.base 已經使用許多（選擇性的）服務了，這會產生大量非絕對必要
> 的被解析模組。

這些根模組都會被解析，且這些根模組和它們被遞迴解析的依賴項目都會變成 ./image
內的生成映像的一部分，見圖 13-2。

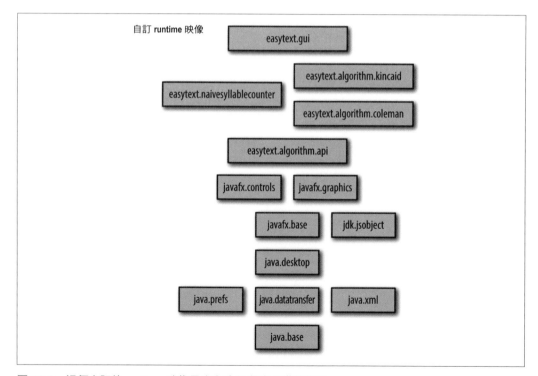

圖 13-2　這個自訂的 runtime 映像只含有應用程式必備的模組

生成的映像有以下的目錄結構，這很像 JDK：

```
image
├── bin
├── conf
├── include
├── legal
└── lib
```

在生成的 runtime 映像的 *bin* 目錄裡面，你可以找到一個 *easytext* 啟動腳本。它會被建立，是因為 `--launcher easytext=easytext.gui` 旗標。第一個引數是啟動腳本的名稱，第二個引數是它開始的模組。這個腳本是一個可執行的便利包裝，它會以 easytext.gui 作為初始模組來直接啟動 JVM。你可以在命令列上呼叫 *image\bin\easytext* 來直接執行它。在其他的平台上，也會產生類似的腳本（見第 262 頁的 "多目標 Runtime 映像" 來瞭解如何支援其他的平台）。Windows runtime 映像會得到批次檔，而不是 Unix 類的目標的殼層腳本。

你可以為含有進入點（static main 方法）的類別的模組建立啟動腳本。例如，我們可以建立 easytext.gui 模組化 JAR 如下：

```
jar --create                                  \
    --file mods/easytext.gui.jar              \
    --main-class=javamodularity.easytext.gui.Main \
    -C out/easytext.gui .
```

你也可以用被分解的模組來組建 runtime 映像。在這種情況下，模組化 JAR 沒有 main 類別屬性，所以當你呼叫 jlink 時，必須明確地加入它：

```
--launcher easytext=easytext.gui/javamodularity.easytext.gui.Main
```

如果在模組化 JAR 中，有多個類別有 main 方法時，你也可以採取這種做法。無論你是否建立特定的啟動腳本，都可以使用映像的 java 命令來啟動應用程式：

```
image/bin/java -m easytext.gui/javamodularity.easytext.gui.Main
```

當你用 runtime 映像來執行 java 命令時，不需要設定模組路徑。所有必備的模組都已經藉由連結程序放在映像裡面了。

我們可以執行以下的命令，來展示 runtime 映像確實只含有最低限度的模組：

```
$ image/bin/java --list-modules
easytext.algorithm.api@1.0
easytext.algorithm.coleman@1.0
easytext.algorithm.kincaid@1.0
```

```
easytext.algorithm.naivesyllablecounter@1.0
easytext.gui@1.0
java.base@9
java.datatransfer@9
java.desktop@9
java.prefs@9
java.xml@9
javafx.base@9
javafx.controls@9
javafx.graphics@9
jdk.jsobject@9
```

這可對應圖 13-2 的模組。

除了我們討論過的啟動腳本外，*bin* 目錄裡面也可以有其他的可執行檔。EasyText GUI 映像加入 *keytool* 與 *appletviewer* 二進位檔。前者一直都存在，因為它來自 **java.base**。後者是映像的一部分，因為被 include 的 **java.desktop** 模組公開了 applet 功能。jar、rmic 與 javaws 等其他的著名 JDK 命令列工具都會依賴未被放入這個 runtime 映像的模組，夠聰明的 jlink 會省略它們。

尋找正確的服務供應模組

在之前的 EasyText jlink 範例中，我們加入一些服務供應模組來作為根模組。如前所述，你可以使用 jlink 的 --bind-services 選項，改讓 jlink 解析模組路徑的所有服務供應模組。雖然這很誘人，但很快就會讓映像有爆炸性的大量模組。盲目地為服務型態加入所有的服務供應方幾乎都不是正確的動作。考慮對你的應用程式而言正確的服務供應方有哪些，並自行將它們作為根模組加入，絕對是值得的。

幸運的是，你可以使用 --suggest-providers 選項來得到 jlink 的協助，幫你選擇正確的服務供應模組。在以下的 jlink 呼叫中，我們只加入 **easytext.gui** 模組，並要求 jlink 建議 Analyzer 型態的供應模組：

```
$ jlink --module-path mods/:$JAVA_HOME/jmods \
        --add-modules easytext.gui \
        --suggest-providers javamodularity.easytext.algorithm.api.Analyzer

Suggested providers:
  module easytext.algorithm.coleman provides
         javamodularity.easytext.algorithm.api.Analyzer,
         used by easytext.cli,easytext.gui
  module easytext.algorithm.kincaid provides
```

```
javamodularity.easytext.algorithm.api.Analyzer,
used by easytext.cli,easytext.gui
```

接下來你可以藉由使用 --add-modules <module>，來選擇加入一或多個供應模組。當然，當這些新加入的模組本身有 uses 子句時，你需要另外使用 --suggest-providers 呼叫。例如，在 EasyText 中，easytext.algorithm.kincaid 服務供應模組本身對於 SyllableCounter 服務型態有個 uses 限制。

在 --suggest-providers 之後也可以不加上服務型態，來取得完整的總覽。這也會納入平台模組的服務供應方，所以輸出會快速地膨脹。

連結期間的模組解析

雖然 jlink 的模組路徑與模組解析行為看起來很像你看過的其他工具，但仍有重要的差異。其中一個例外是，你必須明確地將平台模組加入模組路徑。

另一個重要的差異與自動模組有關。當你使用 java 或 javac 將未模組化的 JAR 放在模組路徑上時，它會被視為對所有的意圖與目的而言都有效的模組（見第 174 頁的 "自動模組"）。但是，jlink 不會將模組路徑上的未模組化 JAR 當成自動模組。唯有在你的應用程式已被完全模組化，包括所有程式庫時，你才可以使用 jlink。

原因在於，自動模組可從類別路徑讀取，繞過模組系統的明確依賴關係。在自訂的 runtime 映像中，並沒有預先定義的類別路徑。因此在生成的映像中的自動模組可能會造成執行期例外。當它們依賴類別路徑上的類別，但那些類別不存在時，應用程式會在執行期當掉。允許這種情況會讓模組系統的可靠配置的保證性失效。

當然，當你十分確定自動模組是沒問題的（即，它只會 require 其他的模組，不會 require 類別路徑上的東西時），情況就不妙了。此時，你可以繞過這個限制，將自動模組轉換成明確模組。你可以使用 jdeps 來生成模組描述項（見第 211 頁的 "建立模組描述項"），並將它加入 JAR。現在你已經有一個模組可放在 jlink 的模組路徑了，這不是理想的情況；補綴別人的程式永遠都不是。自動模組其實是一種協助遷移的過渡性功能。當你遇到這種 jlink 限制時，最好聯繫程式庫的維護者，敦促他們將它模組化。

最後，這些與使用反射的模組有關的提示也適用於連結期間，與在完整的 JDK 上執行模組一樣。如果有模組使用反射，而且沒有在模組描述項中列出這些依賴關係，解析器就無法考慮它們。因此，含有被反射的程式的模組就有可能不會被放入映像中。為了避免這一點，請使用 --add-modules 來手動加入模組，讓它們最終可被放在 runtime 映像中。

對採用類別路徑的應用程式使用 jlink

看起來好像 jlink 只能用在被完全模組化的應用程式上，但是你也可以使用 jlink 來建立 Java 平台的自訂映像，而不涉及任何應用程式模組。例如，你可以執行

```
jlink --module-path $JAVA_HOME/jmods --add-modules java.logging --output image
```

來取得一個只含有 java.logging（與強制性的 java.base）模組的映像。這看起來是個普通的功能，但是有趣的事情要發生了。如果你有一個既有的應用程式，當它採用類別路徑時，你就無法對這個應用程式碼直接使用 jlink 來建立自訂的 runtime 映像。jlink 沒有模組描述項可以解析任何模組。

但是你可以使用 jdeps 這類的工具來找出執行這個應用程式必備的平台模組最小集合。如果你接著建構一個只含有這些模組的映像，稍後就可以在這個映像上啟動類別路徑應用程式，不會有任何問題。

這聽起來或許有點抽象，我們來看個簡單的範例。在第 30 頁的 "在不使用模組的情況下使用模組化的 JDK" 的範例 2-5 中，我們已經有一個簡單的 NotInModule 類別，它會使用 java.logging 平台模組。我們可以使用 jdeps 來檢驗這個類別，來確認那是唯一的依賴項目：

```
$ jdeps out/NotInModule.class

NotInModule.class -> java.base
NotInModule.class -> java.logging
    <unnamed>                          -> java.lang            java.base
    <unnamed>                          -> java.util.logging    java.logging
```

對更大型的應用程式而言，你可以採取相同的方式來分析應用程式的 JAR 與它的程式庫。現在你已經知道哪些平台模組是執行應用程式必備的。在我們的範例中，只有 java.logging。我們在本節稍早已經建立一個只含有 java.logging 模組的映像了。藉由將 NotInModule 類別放在 runtime 映像的類別路徑上，我們可以在一個精簡的 Java 版本上執行這個採用類別路徑的應用程式：

```
image/bin/java -cp out NotInModule
```

因為 NotInModule 類別在類別路徑上（假設它在 *out* 目錄裡面），所以它會在無名模組內。無名模組會讀取所有其他的模組，在這個自訂 runtime 映像的例子中，它是只有兩個模組的小型集合：java.base 與 java.logging。透過這些步驟，你甚至可為採用類別路

徑的應用程式建立自訂的 runtime 映像。如果 EasyText 是採用類別路徑的應用程式，相同的步驟會產生一個含有九個平台模組的映像，如圖 13-1 所示。

不過有一些要注意的地方。當你的應用程式試著載入不在 runtime 映像內的模組的類別時，就會在執行期出現 `NoClassDefFoundError`。這很像你的類別路徑缺少必要的 JAR 時的情況。你必須負責列出正確的模組集合，來讓 jlink 放入映像。在連結期，jlink 無法看到你的應用程式碼，所以它無法像處理完全模組化的應用程式一樣做模組解析。jdeps 可協助你初步估計被 require 的模組，但是 jlink 的靜態分析無法偵測（例如）你的應用程式中使用的反射。因此，用產生的映像來測試你的應用程式很重要。

此外，之後討論的效能最佳化方法不一定都適合這種類別路徑程式。許多最佳化策略之所以可行，是因為所有程式碼在連結期都可使用，但我們剛才討論的案例不是如此。連結器永遠無法看到應用程式碼。在這種情況下，jlink 只能處理你明確加入映像的平台模組，以及它們的被解析的平台模組依賴項目。

從這種 jlink 的用法可以看出，JDK 與 JRE 在模組化世界的分界線是模糊的。連結可讓你使用任何想要的平台模組集合來建立 Java 版本。但你並非只能使用平台供應商提供的選項。

減少大小

我們已經討論 jlink 的基本用法了，接著要把焦點放在我們承諾過的最佳化。jlink 使用一種外掛式方法來支援各種不同的最佳化。這一節與下一節介紹的所有旗標都是由 jlink 外掛來處理的。我們不提供所有外掛的詳盡說明，但是會精選一些外掛來說明你的可能性。jlink 的外掛數量預計會隨著時間而成長，大部分都是 JDK 團隊與社群提供的。

你可以執行 `jlink --list-plugins` 來瞭解目前所有可用的外掛。有些外掛是被預設啟用的，這個命令的輸出會指出這一點。在這一節，我們要來看一些可以減少 runtime 映像的磁碟空間的外掛。下一節會討論執行期效能改善。

我們之前為 EasyText 做的自訂 runtime 映像，已經藉由排除不需要的平台模組，來減少相對於完整 JDK 的磁碟大小了。不過，我們還有很多改善的空間。你可以使用一些旗標來進一步修剪映像。

第一個是 `--strip-debug`。顧名思義，它會移除類別的原生除錯符號，並移除除錯資訊。它可以用在產品版本上。但是，它並不是預設啟動的。根據經驗，啟用這個旗標之後，大約可以減少百分之十的映像大小。

你也可以使用 --compress=n 旗標來壓縮結果映像。目前 n 可為 0、1 或 2。最大的數字會做兩件事,首先,它們建立一個資料表,裡面有類別中使用的所有字串字面常數,它是整個應用程式共用的表示方式。接下來,它會對模組執行通用的壓縮演算法。

接下來的最佳化會影響被放入 runtime 映像的 JVM。你可以使用 --vm=<vmtype> 來選擇不同類型的 VM。vmtype 的選項包括 server、client、minimal 與 all(預設值)。如果你最關心的是減少空間,可選擇 minimal 選項。它只會提供 VM 一個記憶體回收器,一個 JIT 編譯器,且不支援服務功能(serviceability)或檢測功能。目前,minimal VM 選項只供 Linux 使用。

最後一種最佳化與地區設定有關。通常 JDK 附帶許多地區設定,以因應各種日期 / 時間格式、幣值,及其他因地區而不同的資訊。預設的 English 地區設定是 java.base 的一部分,所以是必備的。所有其他的地區設定都屬於 jdk.localedata 模組。因為它是單獨的模組,你可以選擇是否將它加到 runtime 映像。有些服務可用來公開 java.base 與 jdk.localedata 的地區設定功能。這代表如果你的應用程式需要使用非 English 地區設定,就必須在連結時使用 --add-module jdk.localedata。否則,使用地區設定的程式就會直接退回使用預設的 English 地區,因為在缺乏 jdk.localedata 的情況下,它沒有其他地區可用。請記得,服務供應模組不會被自動解析,除非你使用 --bind-services。

當你的應用程式使用不屬於預設集合(即,US-ASCII、ISO-8859-1、UTF-8、UTF-16)的字元集時,也會碰到類似的情況。傳統上,這些非預設的字元集可在完整的 JDK 中透過 *charsets.jar* 來使用。當你使用模組化的 JDK 時,可將 jdk.charsets 模組加入映像,來使用非預設的字元集。

但是,jdk.locale 很大。加入這個模組很容易就會讓磁碟增加大約 15 megabytes。通常你並不需要在映像中放入*所有*的地區。若是如此,你可以使用 jlink 的 --include-locales 旗標。它會接收一串語言標籤引數(要進一步瞭解語言標籤,可參考 java.util.Locale JavaDoc)。接著 jlink 外掛會將 jdk.locale 內所有其他的地區移除。最後,在映像中的 jdk.locale 只會剩下指定地區的資源。

改善效能

上一節介紹一系列可減少磁碟內的映像大小的最佳化方式。更有趣的是 jlink 最佳化 runtime 效能的能力。同樣的,這是藉由外掛來完成的,其中有些是預設啟用的。請記得,jlink 與它的外掛都在早期開發階段,且大部分的目標都是改善應用程式的啟動時間。本節討論的許多外掛在 JDK 9 中仍然是實驗性的。當你使用效能最佳化功能時,通常都需要深度瞭解 JDK 的工作方式。

許多實驗性的外掛都會在連結期生成程式碼來改善啟動效能。其中一種預設啟用的最佳化是預先建立平台模組描述項快取。它的概念是,在組建映像時,你就知道有哪些平台模組會在模組圖中了,藉由在連結期建立它們的模組描述項的結合,我們就不需要在執行期個別解析原始的模組描述項,可減少 JVM 的啟動時間。

此外,其他的外掛可在連結期執行 bytecode 重寫,來提升執行期效能。其中一個案例是 --class-for-name 最佳化,它會將 Class.forName("pkg.SomeClass") 形式的指令改寫為該類別的靜態參考,因此避免在執行期以反射搜尋類別造成的負擔。另一個案例是預先生成 *method handles* 呼叫類別的外掛(擴展 java.lang.invoke.MethodHandle),它會在執行期生成。雖然這聽起來或許很深奧,但 Java lambdas 的實作大量使用 method handles 機制。使用 lambdas 的應用程式可以藉由吸收連結期的類別生成成本,而更快速地啟動。不幸的是,目前使用這種外掛需要具備瞭解 method handles 如何運作的高度專業知識。

你可以看到,許多外掛都提供相當專業的效能調整方案。因為可行的最佳化方式很多,像 jlink 這類的工具永遠都沒有**完成**的一天。有些最佳化比較適合某些應用程式,這就是 jlink 採用外掛式結構的主要原因。你甚至可以編寫自己的 jlink 外掛,雖然外掛 API 本身在 Java 9 版本中會被標記為實驗性的。

從前使用 JVM 來即時執行時會耗費昂貴成本的最佳化,現在都可以在執行期進行。值得注意的是,jlink 可將來自任何模組的程式碼最佳化,無論它是應用模組、你使用的任何模組,還是平台模組。但是,因為 jlink 外掛允許任意的 bytecode 改寫,它們的用處並非只限於改善效能。許多工具與框架目前都使用 JVM 代理程式,在執行期執行 bytecode 改寫。這包括 OpenJPA 這類的 Object-Relation Mappers 的檢測代理程式或 bytecode 強化代理程式。在某些情況下,這些轉換可在連結期執行。jlink 外掛可當成某些 JVM 代理程式的良好替代(或補充)品。

請記住，這是進階的程式庫與工具的領域。你應該不會在一般的應用程式開發過程中編寫你自己的 jlink 外掛，就像你應該不會編寫你自己的 JVM 代理程式。

多目標 Runtime 映像

jlink 建立的自訂 runtime 映像只能在特定的 OS 與結構上運行，類似 JDK 或 JRE 的版本會隨著 Windows、Linux、macOS 等作業系統而不同。它們含有執行 JVM 必備的平台專用原生二進位檔。你可以為你的 OS 下載 Java runtime，並且在它上面執行你的可攜 Java 應用程式。

在截至目前為止的例子中，我們曾經使用 jlink 來組建映像。jlink 是 JDK（它是平台專屬的）的一部分，但可為不同的平台建立映像。做這件事很簡單，你不用將目前執行 jlink 的 JDK 的平台模組加到模組路徑上，只要指向你想要支援的 OS 與結構的平台模組即可。取得這些替代的平台模組就像為那個平台下載 JDK 並擷取它一樣簡單。

假設我們在 macOS 上運行，並且想要為 Windows（32-bit）建立一個映像。首先，你要為 32-bit Windows 下載正確的 JDK，並將它擷取到 ~/jdk9-win-32 裡面。接著使用以下的 jlink 命令：

```
$ jlink --module-path mods/:~/jdk9-win-32/jmods ...
```

產生的映像會含有來自 mods 的應用模組，以及來自 Windows 32-bit JDK 的平台模組。此外，映像的 /bin 目錄含有 Windows 批次檔，而不是 macOS 腳本。接下來要做的事情，只剩下將映像發布給正確的目標！

使用 jlink 組建的 runtime 映像無法自動更新，所以有新的 Java 版本釋出時，你要負責組建新 runtime 映像。確保你只發表用最新的 Java 版本建立的 runtime 映像，來避免安全問題。

你已經看過 jlink 建立精實的 runtime 映像的能力了。當你的應用程式已經被模組化之後，jlink 就很容易使用。連結是個選擇性的步驟，當你要支援資源有限的環境時，它可帶來很大的幫助。

第十四章

未來的模組化

我們已經接近 Java 模組系統旅途的終點了，我們從模組化 JDK 開始，沿路建立自己的模組，並將既有的程式遷移至模組。一方面，模組有許多相關的新功能需要瞭解，另一方面，Java 模組會鼓勵你在進行模組化開發時，採用已被證實良好的做法。

除了很小型的應用程式之外，我們建議你在編寫新程式時就使用模組。從一開始就採取強力封裝，以及管理明確的依賴關係，可為系統打下可維護的基礎。它也會釋放新的能力，例如用 jlink 來建立自訂的 runtime 映像。

要進入 Java 模組化的未來，需要遵循模組化原則。當既有的應用程式具備模組化的設計時，轉換的過程就會很平順。很多人都已經讓他們的應用程式使用 Maven 或 Gradle 的多模組版本了，通常這些既有的模組邊界可自然地對應至 Java 模組，在你想要使用全面性的依賴注入框架時，JDK 提供的 `ServiceLoader` 機制是很好的選擇。

但是，當你的應用程式尚未模組化時，轉換的過程將會是個挑戰。

在之前的章節中，你已經看到，你絕對可以將既有的應用程式遷移到模組。不過，當它們的設計缺乏模組化時，遷移的過程中需要解決兩個問題。第一個是分解結構，讓它符合模組化的原則，第二個是實際遷移到 Java 9 與它的模組系統。

是否值得做這項工作是一種取捨，你無法用一般的準則來決定。這取決於系統的範圍、預期的存留期，以及許多其他與環境有關的變數。請注意，就連大規模的 JDK 都成功地將自己模組化了，雖然這需要好幾年的苦工，所以，有志者事竟成。利益是否大於成本，是既有的基礎程式需要回答的主要問題。讓應用程式停留在類別路徑上並不可恥。

在本章接下來的部分，我們會用既有的模組化開發方法的現況來盤點 Java 模組系統。

OSGi

在 Java 模組系統問世的很久以前，就已經有其他的模組系統了。這些既有的系統只提供應用層級的模組化，而 Java 模組系統也將平台本身模組化。最古老且最著名的既有模組系統是 OSGi。它是藉由在 OSGi 容器中執行包裹（bundles，帶有 OSGi 綁定詮釋資料的 JAR）來提供執行期模組化。包裹之間的隔離，是藉由巧妙地安排類別載入器來控制類別的可見性來完成的。本質上，每一個包裹都是用它自己的類別載入器來載入的，它們只會根據包裹的詮釋資料來將工作委派給其他的類別載入器。透過類別載入器來實現的隔離，只會在執行期的 OSGi 容器內部發生。在組建期，你必須使用 Bndtools 或 Eclipse PDE 之類的開發工具來施加強力封裝與依賴關係。

OSGi 在 Java 模組系統出現之後過時了嗎？事實遠非如此。首先，既有的 OSGi 應用程式可以藉由使用類別路徑，在 Java 9 上持續運行。所以當你採用 OSGi 基礎的系統時，就沒有將包裹移入 Java 模組的急迫性。此外，OSGi Alliance 正在為 OSGi 包裹與 Java 模組之間的互通性進行初步的工作。

現在問題變成：對新系統而言，何時該使用 OSGi，以及何時該使用 Java 模組系統？為了回答這個問題，瞭解 OSGi 與 Java 模組系統的差異相當重要。

OSGi 與 Java 模組系統之間有幾個明顯的差異：

套件依賴關係

OSGi 包裹表達的是與套件的依賴關係，而不是與其他包裹的直接關係（雖然這也是有可能的）。OSGi 解析器會根據包裹詮釋資料中指定的被匯出與被匯入的套件，來將包裹捆綁在一起，讓包裹的名稱不像 Java 模組名稱那麼重要。包裹是在套件層級匯出的，如同 Java 模組。

版本控制

與 Java 的模組不同的是，OSGi 的包裹與套件都有版本。它可以用確切的版本或版本範圍來表達依賴關係。因為每一個包裹都是用不同的類別載入器來載入的，一個包裹可能同時有多個版本，但是這種做法並非沒有任何限制。

動態載入

在 OSGi runtime 內，包裹可被載入、卸載、啟動與停止。這些包裹生命週期事件有一些回呼可用，因為包裹必須應付這個動態的環境。Java 模組可在執行期在 ModuleLayers 載入，並在稍後被回收。相較於 OSGi 包裹，Java 模組沒有明確的生命週期回呼，因為它預設的是較靜態的設置。

動態服務

OSGi 也定義一種服務機制，它有一個中央服務註冊表。OSGi 服務的 API 比 Java 的 ServiceLoader 提供的還要豐富。高階的框架（例如 Declarative Services）是在基本的 OSGi 服務之上提供的。OSGi 服務可在執行期來來去去，而不是保持不變，因為提供它們的包裹可能會動態地來去。使用 ServiceLoader 的 Java 服務是在模組解析期間一次性地連接的。你只能使用 ModuleLayer 在執行期加入新服務。與 OSGi 服務不同的是，它們不支援啟動與停止回呼。

在這些差異中，有一個不斷出現的現象，就是 OSGi 在它的 runtime 中提供更動態的情境。OSGi 在這方面的功能比 Java 模組系統多。部分的原因是 OSGi 的根是在嵌入式系統中。因為 OSGi 包裹可以熱插拔，所以可以零停機更新。你可以插入新的硬體，並動態啟動支援它們的服務。

在企業軟體中，相同的模式可以擴展到可在執行期動態使用的其他資源上。如果你需要這些動態，OSGi 是可行的方案。OSGi 的動態生命週期確實為開發者添加一些複雜性。這種固有的複雜性，有一部分可以在開發過程中，使用 Declarative Services 這類較高階的框架來抽象化。在實務上，許多應用程式（包括使用 OSGi 的）往往會在啟動時將服務綁在一起，之後不做任何動態改變。在這種情況下，Java 模組系統提供了足夠的功能可立即使用。

OSGi 周遭的工具是令許多開發者感到挫折的來源。就算在十幾年之後，它也沒有足夠的重要性可以得到社群與供應商的關注。隨著模組成為 Java 平台的一部分，供應商已經在它的釋出之前，建立了工具與支援。因為 OSGi 框架只在執行期運行，工具必須在開發過程模仿它的規則。Java 的模組系統規則在所有階段都以一致的方式來施行，從開發到執行。

Java 模組系統也有 OSGi 沒有的功能，大多與遷移至模組有關。OSGi 沒有與自動模組直接等效的東西。並非所有 Java 程式庫都提供（正確的）OSGi 詮釋資料，這代表補綴或 pull requests 是同時使用 OSGi 與這些程式庫的唯一方式。使用 OSGi 的孤立類別載入設定時，有一些程式庫裡面的程式會表現不良。在 Java 模組系統中，類別載入是用回溯相容的方式來實作的。因為 Java 模組系統並未使用類別載入器來隔離，所以它提供較強大的封裝。JVM 已經開始深度實施具備可操作性與可讀性的全新機制了。

時間會證明採用 Java 模組系統是否比較好。因為現在模組已經是 Java 平台本身的一部分了，我們期望 Java 社群認真地看待模組化。

Java EE

模組是 Java SE 的功能。但是，許多開發者開發的是 Java EE 應用程式。在 Java EE，Web Archives（WARs）與 Enterprise Archives（EARs）是用部署描述項來捆綁 JAR 檔案的，接著這些 Java EE 應用程式會被部署到應用程式伺服器。

既然現在模組已經成為 Java 平台的一部分了，Java EE 會如何發展呢？我們可以合理地假設，總有一天，Java EE 規格會擁抱模組。但是目前，討論它究竟會長得怎樣還為時過早。Java EE 8 版本是建立在 Java SE 8 之上的。所以模組與 Java EE 會在 Java EE 9 的最早版本中相遇，不過它的釋出日期還是未知數。在它們相遇之前，Java EE 應用程式伺服器可以像之前一樣，持續使用類別路徑。

你已經在第 142 頁的 "容器結構" 中看過，原則上，模組系統有一些功能可支援 Java EE 應用程式伺服器這種應用程式容器。模組化 Java EE 應用程式究竟會長得怎樣，還有待觀察。對於應用程式，Java EE 模組化可能是一種模組化的 WAR 或 EAR 檔案，或某種全新的東西。

使用標準化的名稱來發布 Java EE API 模組是很好的第一步。官方的 JAX-RS API（*https://github.com/jax-rs/api*）版本已經有模組描述項了。有模組之後，人們會更願意將 Java EE 視為一組鬆散的規範。或許我們沒有必要等待整體式的應用程式伺服器一次支援整套規格。當你可以只 require 你需要的 Java EE 組件時，新的大門就敞開了。不過，請記住，以上都是推測可能情況，而不是現實的狀況。

微服務

在過去幾年來，微服務這種結構風格已經獲得顯著的地位。微服務的優點之一，在於它們可實現模組化開發。藉由將系統分成獨立可部署且可執行的組件，系統就被模組化了。每一個微服務都是獨立的執行程序。你甚至可以將多個微服務寫成完全不同的技術。它們會使用標準協定，例如 HTTP 與 gRPC 來透過網路溝通。

實際上，這種架構風格天生就會施加強大的模組邊界。微服務如何滿足模組化的其他兩個原則：定義良好的介面，以及明確的依賴關係？微服務之間的介面有很多種，從使用 Interface Definition Language（IDL）來嚴格定義的介面，例如 Protocol Buffers、RAML 甚至 WSDL/SOAP，到 HTTP 上的未指定規格的 JSON。微服務之間的依賴關係通常會在執行期藉由動態發現來產生。並非每一個微服務堆疊都提供類似模組描述項的 requires 的靜態可驗證依賴關係。

在這本書中，你已經看過，模組化可以在不訴諸程序隔離的情況下達成。在 Java 模組系統中，強力封裝與模組間的明確依賴關係可藉由 Java 編譯器與 JVM 來實施。因為模組系統藉由明確的 provides/uses 綁定來使用 Java 介面與服務，所以我們有完善的模組開發方式。從這個角度來看，微服務有點像彼此間有網路邊界的模組。但是這些網路邊界會將微服務系統轉換成有缺陷的離散系統。如果你只因為微服務的模組化特性而選擇使用它們的話，請三思。讓你的系統使用 Java 模組可帶來類似（甚至更好）的模組化好處，且不會有微服務架構那種複雜的操作。

坦白說，我們有很多理由可以說微服務是個很棒的選項，但模組化不在其中。如果只考慮獨立地更新與服務的擴展，或讓每項服務使用不同的技術堆疊，微服務確實是有幫助的。同樣的，模組或微服務不盡然是非此即彼的選擇。模組可以為微服務建立一個強大的內部結構，讓它可以擴展到你通常認為微小的範圍之外。比較合理的做法是，一開始先用模組來開發系統，當你之後需要處理操作問題時，再將其中的一些模組擷取到它們自己的微服務中。

下一步

我們已經討論一些其他的模組化方法，以及它們與 Java 模組系統的關係了。無論你使用哪一種技術，最困難的部分仍然是正確地分解應用程式。Java 模組是工具箱中，建立結構良好的系統的另一種強大工具。

模組系統目前是否完美？沒有東西是完美的，模組系統也不例外。在 Java 平台的生命週期中，這麼晚才加入的模組系統難免需要做一些妥協。不過，Java 9 為我們的構築打下堅實的基礎。當然，除了 ModuleLayer 目前的功能之外，如果可以“同時執行一個模組的多個版本”也是很棒的。現在在模組路徑上沒有這種功能，不代表永遠不會有。其他的功能也一樣。模組系統尚未完成，而且幾乎肯定會在後續的版本中提升它的能力。Java 生態系統與工具供應商是否支援模組化的 Java 是由它們自行決定的。

當 Java 社群開始擁抱模組系統之後，就會有更多程式庫可當成模組來使用。這可讓你更容易在自己的應用程式中使用模組，雖然我們已經看過，自動模組是一種可接受的臨時解決方案。在一開始，以全新的設置來獲得模組系統的經驗是合理的做法。你可以先建立一個以少量模組組成的小型應用程式，就像你在本書中看過的 EasyText 應用程式，這可以讓你充分感受一個應用程式被簡明地模組化的樣貌。獲得經驗之後，你就可以採取更具野心的做法，例如將一個既有的應用程式模組化。

Java 平台納入模組系統將會改變遊戲規則，不過不會在一夕之間發生。Java 社群花了很長的時間，才擁抱 Java 模組系統的概念，這是自然的過程，模組化不是一種倉促的錯誤修復，也不是可被插入既有的基礎程式的新功能。然而，模組化的優點是顯而易見的。大家透過微服務重新關注模組化，說明很多人都在關注這件事。模組系統讓想要組建可維護的大型系統的 Java 開發者有新的選項。

現在你已經瞭解 Java 模組系統的概念了。更重要的是，你知道模組化背後的原則，以及如何使用模組系統來應用它們。現在是實際應用這些知識的時候了。希望你的軟體有個模組化的未來！

索引

※提醒您：由於翻譯書排版的關係，部份索引名詞的對應頁碼會和實際頁碼有一頁之差。

關於作者

Sander Mak 是荷蘭 Luminis 的研究員,他在那裡負責製作模組與可縮放的軟體,大多是在 JVM 上,但是在必要時也會接觸 TypeScript。他是位熱情的會議演說者,並熱愛透過他的部落格 *http://branchandbound.net* 分享知識,他也是 Pluralsight(*http://bit.ly/sander-ps*)導師。你可以在 Twitter 的 @sander_mak 追隨他。

Paul Bakker 是 Netflix 的高級軟體工程師,屬於 Edge Developer Experience 團隊,主要負責開發提升內部開發人員生產力的工具。他除了喜愛寫程式之外,也熱衷分享知識。這是他的第二本書,上一本是與人合著的《*Modular Cloud Apps with OSGi*》(O'Reilly)。Paul 也經常在會議上發表關於模組化、容器技術,與許多其他主題的演說。他的部落格在 *http://paulbakker.io*,也會經常在 Twitter 的 @pbakker 發表文章。

出版記事

本書封面上的動物是黑尾鷸(*Limosa limos*),這是一種大型的水鳥,棲息地是歐洲與亞洲,在 1758 年被 Carl Linnaeus 首次記錄。它的繁殖範圍從冰島到印度北部,經常出現在濕地、河口和湖邊。

黑尾鷸有一對長腿和長喙,可以讓牠們一邊涉水通過沼澤棲息地、一邊探測水中的食物。牠們的食物主要是昆蟲和水生植物。當這種鳥在飛行時,你很容易就可以看到牠的名稱中的黑尾巴。當牠們在繁殖地點交配後,雌鳥會在巢中生下三至六個蛋。

黑尾鷸在歐洲曾經被視為美味佳餚,但因為數量的下降,導致歐洲各國政府實施狩獵限制(但是法國仍然允許獵捕有限的數量)。黑尾鷸目前被列為近危(near-threatened)。

O'Reilly 書籍封面上的許多動物都面臨了瀕臨絕種的危機;牠們都是這個世界重要的一份子。如想瞭解您可以如何幫助牠們,請拜訪 *animals.oreilly.com* 以取得更多訊息。

封面圖片來自《*Wood's Illustrated Natural History*》。

Java 9 模組化｜可維護應用程式的開發模式與實務

作　　者：Sander Mak, Paul Bakker
譯　　者：賴屹民
企劃編輯：蔡彤孟
文字編輯：王雅雯
設計裝幀：陶相騰
發 行 人：廖文良

發 行 所：碁峰資訊股份有限公司
地　　址：台北市南港區三重路 66 號 7 樓之 6
電　　話：(02)2788-2408
傳　　真：(02)8192-4433
網　　站：www.gotop.com.tw
書　　號：A539
版　　次：2018 年 02 月初版
建議售價：NT$580

商標聲明：本書所引用之國內外公司各商標、商品名稱、網站畫面，其權利分屬合法註冊公司所有，絕無侵權之意，特此聲明。

版權聲明：本著作物內容僅授權合法持有本書之讀者學習所用，非經本書作者或碁峰資訊股份有限公司正式授權，不得以任何形式複製、抄襲、轉載或透過網路散佈其內容。

版權所有 ● 翻印必究

國家圖書館出版品預行編目資料

Java 9 模組化：可維護應用程式的開發模式與實務 / Sander Mak,
Paul Bakker 原著；賴屹民譯. -- 初版. -- 臺北市：碁峰資訊,
2018.02
　　面；　公分
譯自：Java 9 Modularity
ISBN 978-986-476-718-2(平裝)
1.Java(電腦程式語言)
312.32J3　　　　　　　　　　　　　　　　107000493

讀者服務

● 感謝您購買碁峰圖書，如果您對本書的內容或表達上有不清楚的地方或其他建議，請至碁峰網站：「聯絡我們」\「圖書問題」留下您所購買之書籍及問題。(請註明購買書籍之書號及書名，以及問題頁數，以便能儘快為您處理)
http://www.gotop.com.tw

● 售後服務僅限書籍本身內容，若是軟、硬體問題，請您直接與軟體廠商聯絡。

● 若於購買書籍後發現有破損、缺頁、裝訂錯誤之問題，請直接將書寄回更換，並註明您的姓名、連絡電話及地址，將有專人與您連絡補寄商品。

● 歡迎至碁峰購物網
http://shopping.gotop.com.tw
選購所需產品。